茶二十一席

古武南　编著

华中科技大学出版社
http://press.hust.edu.cn
中国·武汉

图书在版编目(CIP)数据

茶二十一席 / 古武南编著. —武汉：华中科技大学出版社，2021.7
（2025.3重印）
ISBN 978-7-5680-6986-1

Ⅰ.①茶… Ⅱ.①古… Ⅲ.①茶文化 – 中国 Ⅳ.①TS971.21

中国版本图书馆CIP数据核字（2021）第037953号

湖北省版权局著作权合同登记号 图字：17-2021-004号

茶二十一席
Cha Ershiyi Xi

古武南　编著

策划编辑：娄志敏　杨　帆
责任编辑：娄志敏
责任校对：李　弋
封面设计：三形三色
责任监印：朱　玢
出版发行：华中科技大学出版社（中国·武汉）　　电话：（027）81321913
　　　　　武汉市东湖新技术开发区华工科技园　　邮编：430223
印　　刷：武汉精一佳印刷有限公司
开　　本：880mm × 1230mm　　1/32
印　　张：8
字　　数：157千字
版　　次：2025年3月第1版第4次印刷
定　　价：52.00元

目录

缘起

『人儋如菊』
茶书院

一

　　首先感谢"人儋如菊"茶书院各位同学的鼎力相助，得以让本书如期出版，为了成就个人狭隘的志业，害得同学们被催稿催得"人仰马翻"，现在想想实在很抱歉。

　　邀请同学们一起完成本书的缘起，乃是茶书院李曙韵老师对"茶十六席"的延续，当时曙韵老师对"四晚班"（星期四晚上的习茶班）十六位同学许下期许：希望每位同学都能够以习茶的心得互相交流并通过书写表达习茶的感想，内容以茶人、茶器、茶汤、茗茶等为主，完成后，曙韵老师将同学们的十六封书信发表刊登在《不只是茶》刊物的第二期上。

　　个人觉得这是很有意义的习茶内容，有别于一般学茶的刻板模式。经过曙韵老师的同意，我们把原来的十六席增加到二十一席，同时请曙韵老师推荐首次征稿的同学芳名，以便延续茶书院的习茶特质。

曙韵老师推荐同学的当下给了我们一个很有意思的想法：每个人都有自己生活中的强项，也就是专业素养，有的同学或许很想跟大家分享，只是还没有遇到适当的机缘与方式。

我不知道本书的完成对于同学们来说，算不算是一种机缘或方式。

一日为师终身为师，我不轻易称人家为老师，更不随便拜师学艺，同时由于自己的学识肤浅，更不敢被人称作老师。记忆里圣严法师曾经在开示中提到："佛法难闻，名师难遇。"在这个一切以速度效率为准则的年代，学生要找到好的老师学习很不容易。尤其想要修学的是传统技艺，如佛法、茶道、书法、花艺、乐曲……想要遇到好的老师更是难上加难，即使付出昂贵的学费，也许也难觅良师。而老师呢？想要找个好学生传授技能，其实比学生找好老师更难。

二

北埔的老制茶人——我的舅公刘家龙老先生问我：你去台北拜师学茶，怎么没有去拜那些穿仙人服（穿茶服的人）或留胡子绑长发，不然就是有着一本正经造型的人为师，反而去拜一位普通的女孩子为老师呢？我很难对老先生解释我想来茶书院拜师习茶的渴望。

多年前茶书院的同学们来北埔体验制作"膨风茶"，刘家龙先生以老制茶人的身份莅临现场指导。后又受李曙韵老师邀请参加台北的"荷花茶会"，茶会中展示了刘家龙先生珍藏了三十五年的老膨风茶。因刘家龙先生是我的舅公，由我开车载舅公参加在台北戏棚由曙韵老师主办的荷花茶会；茶会结束后，在倾盆大雨中开车回北埔，然而我心中犹存着头一次参加茶会的美好与感动，内心久久无法平息，同时脑海中浮现了想要加入这个茶团队的初心。回程中，舅公对我说：上次我说这个老师只是普通的女孩不大对，从今天这个茶会的场面看下来，我应该改称李小姐是台湾新茶文化的代表人才好。

本人从荷花茶会上对茶的无知无识、"膨风"（吹牛的意思）幼稚的座上宾，最后成了茶书院的老学员，跟着李曙韵老师在茶书院习茶，才真正见习到有文化意涵的茶事，同时走过台北戏棚、阳明山食养、台北故宫博物院、华山文化创意园区；甚至带着以上的事茶经历，受邀在威尼斯举办的国际双年展中，表演所学的茶道美学；与妻子珍梅在古运河畔的展场中，对唱传统客家采茶老山歌。如果没有来茶书院习茶的经历与历练，我这辈子可能很难走出台湾。

好老师常常觉得没有什么可以传授给学生。在茶书院习茶没有课表，李曙韵老师很反对所有的学习都按课表进行，她常常于上课前一刻重新调整为我们准备在茶案上的诸多教材。新进学员问：你们置茶、煮水、出汤，不用秤、温度计和计时器吗？学长回答：来茶书院请把那些工具放到心里。

茶书院有一句很有禅味的话：茶的心情水知道，上课的内容（老师的心情）没有人知道。走进茶书院习茶多年来，我发现当茶书院的学生，最大的收获就是：李曙韵老师的教学，让我们按预期的心情来上课，却常常有不预期的收获。

三

第一天走进茶书院开始习茶，其实很紧张，跟李曙韵老师约好十点上课，因为怕堵车迟到，我清晨六点多就从北埔出发，却忘了以前在台北九点才上班，因此还没到八点我就出现在永康公园，有点不知所措！于是故意绕远路闲逛，九点逛回茶书院，只见书院内灯火通明，大门深锁，时间还早，我再到巷口徘徊，恰好与外出刚回茶书院的李曙韵老师巧遇，心想：在台北应该很少人会这么早来喝茶吧？李曙韵老师亲切地问我用过早餐没，顺便引我走进茶书院，在茶案前休息。我独自一人坐在茶案前不敢乱动，安静地观察，感受着老房子散发出来的气息，体会用茶器布置出来的雅致空间，虽然老房子被各种茶器堆得满满的，但由于每一件物品都有自己恰当的位置，让我虽然身处在千件茶器中，心里却是无比的清明。整个书院除了灯光美气氛佳之外，案桌后面茶壶里的开水也正在沸腾，透过茶壶散发出的蒸气袅袅升起。欣赏茶书院每个角落，我发现早上的茶书院有一种谜样的朦胧美。李曙韵老师在茶案桌上放置了十组标准的纯白陶瓷品鉴杯、盖杯、赏茶碟、茶匙、饮杯，一应俱全，上课时，李曙韵老师为我一个人介绍她收集的来自世界各地的白毫乌龙茶，其中包含印度大吉岭首采、二采顶级蜜香茶，中国大陆各茶区刚出产的新白毫，中国台湾坪林的美人茶，以及冻顶的贵妃，还有阿里山的高山美人茶，共计十几种，这是我喝过的最多白毫乌龙茶的一天。我表面上用微笑来回应第一天李曙韵老师上课的内容，实际上心里被曙韵老师为一位新学员所付出的真心感动得不知所措！尤其曙韵老师为我们料理的午餐，在老屋中有一种不可被取代的幸福感。

　　我一共六顾茶书院，第一顾到第三顾拜访茶书院，茶书院没开门，第四回好不容易走进来，可能当时我穿着"阿玛尼"的服装，又喷了"阿玛尼"的古龙水，还带着妻小，气质与茶书院不符，被请了出去，刚走出大门，马上又被学姐追请回来。今天总算见到了李曙韵老师，同时喝到李曙韵老师亲自为我们执壶冲泡的顶级大吉岭首采蜜香茶。收下李曙韵老师送的好茶、好书，加上同学王心心的南管CD，心中带着饱满的茶气开始逛永康街，我内心幸福无比。

　　这一年北埔初夏的黄昏，与家人同坐在庭院里，喝曙韵老师送的茶，看老师送的书，听王心心的南管音乐，不亦乐乎。邻里走进水堂说：南哥什么时候全家变得这么有气质了？我勇敢地回复：是从"人儋如菊"茶书院回来之后开始的。

四

某个数次来水井喝茶的高人，在自我介绍中说自己上知天文、下知地理，精通星座、紫微斗数，还会面相学，平时收费昂贵的他今天要免费帮我算命，看在他不停地向我们买很多便宜茶的份上，我只好配合。高人说我的命格太精采，很难算，算了将近一天下来，我为了保住这位客户，也点了一天的头，说了一整天的"是、噢、准"。我的妹妹眼看太阳就要下山了，建议高人可以讲重点就好；高人最后才对着我真诚地说：古先生，你的事业虽然家里的亲人对你协助不大，别难过！但是你一生中会遇到几个很好的大贵人，并且全都在北方，他们都是鼎鼎有名的大人物，你想想看我说的有没有准，有准你请我吃晚饭，没有准我以后永远不再来北埔了。我当场大叫拍桌子回应：非常准！高人立刻回我：怎样个准法说给我听，不可以膨风噢！我一边回顾自己的心路历程一边回答高人：本人的学佛基础源自"法鼓山"圣严师父，文化资产保护概念启蒙于"保安宫文史读书会"会长陈纪瑞建筑师，古迹解说受"大自然户外推广协会"姚其中老师指导，写作习惯来自"新竹县县史馆"馆长林柏燕老师的鼓励，茶道生活美学师事"人儋如菊茶书院"李曙韵老师；在下的人生从出社会至今，在不同的阶段都会遇到提携我、关照我、受爱戴的恩师；开始来茶书院习茶，生活中几乎日日是茶日，想想一路走来生命始终是丰沛、充实、多彩、圆满的。高人突然骄傲自信地说：你看准吧！于是我当下决定请高人到北埔食堂吃大餐。

五

为人师表其实很辛苦，好的老师除了教授课业之外，还要照顾、开解学生。电影《卧虎藏龙》的导演李安讲过：每个人心中都卧虎藏龙，他只不过把心中的卧虎藏龙拍成了电影。我虽然每天生活在北埔这个平静的老聚落，却不时还是会被心中追逐名利的"卧虎藏龙"困扰烦恼；每当李曙韵老师发现我心里出现不切实际的"卧虎藏龙"时，便会主动地帮我解除疑惑，平息烦恼。北埔乡下地方每到晚上都很寂静，我常常在这个时候为自己弹一曲《慨古吟》，随着深夜里响起的琴声，心中不断浮现出茶书院、李曙韵老师、同学们、茶香袅袅的美好画面，缓慢又柔和地在心底律动，故此常常被自己感动。中场休息我回过头问深夜唯一陪伴我习琴的琴侣：夫人，您觉得在下今日的琴技如何？夫人回应：很不认真。奇怪也！白天弹给妹妹听，妹妹还说：很好听的。

六

李曙韵老师常说跟她学茶、卖茶不会赚钱，来茶书院习茶越久，越不会随意收茶，更不会轻易售茶，正因为李曙韵老师从来没有在茶叶上为自己图利，而是让我们跟着她全心全意习茶，才会走在正确的茶之道上。我在不惑之年走进茶书院，生命中的来时路，五分之一都跟茶事，跟茶书院，跟李曙韵老师同行。曾经是为了想把茶卖得更好来茶书院，如今茶卖得好不好，其实已经不重要，生活过得精彩才更重要。

七

知道我在茶书院习茶的亲朋好友常常问我：学茶毕业了吗？我回答他们：我的老师认为"茶人是不会下班的"，所以我们的学校当然也不会举办毕业典礼。同学千弘和我都是双鱼座，生日只差一天，我们的感情一样丰富。千弘在文章里提起，每次茶会都会与许久没有见面的同学重逢，让他感到参加茶会的欢喜。也许诸多同学也和我与千弘有着同样的感受。同学有新来的，当然也有离开的，新旧同学的来往，对我来说如同一部情深、缘尽的电影，我一直很庆幸自己是这部电影里的一个角色，而这角色缘起正是"人儋如菊"茶书院。

茶之侣

　　每次看《水浒传》里的英雄，都会和茶书院的同学们联系在一起。梁山泊有一百零八条好汉，众英雄没有真本事不敢上梁山。茶书院里的学姐、学长，加上学弟、学妹，应该超过一百零八人，茶书院人才聚集，除了我之外，大多数的同学都拥有设计师或收藏家的头衔，尤其室内设计师人数最多，当然还有制茶师、厨师、建筑师、传统音乐师、商品设计师、金雕工艺师、摄影师，以及导演、策展人和作家，收藏古琴、书画、沉香、老茶酒、名茶具、古美术文物者。

　　茶书院李曙韵老师出版的第一本书《茶味的初相》选在信义诚品书店发布。我们全家特地北上参加李曙韵老师的新书发布会，家里已经预购一百本新书，我们全家每人在签书现场再买一本，排队请老师帮我们签名。隔周听闻有同学向李曙韵老师询问，书中为什么没有提到他，我说：李曙韵老师写的是茶书，又不是写茶人辞海，不可能面面俱到。《茶味的初相》以"茶具"为主题，我虽为老学员，但是拥有的茶具不够出彩，故也没被李曙韵老师在书中提及；虽然我的茶具不出彩，但我的人跟我的茶，绝对比我的茶具出彩。当下建议大家合作一同写一本属于自己的习茶日志，有了李曙韵老师的鼓励与支持，于是写了二十封信，真诚地开始向同学们邀稿。

第一封信　陈丽珍

这本书的写作计划从开始到执行，丽珍都在现场，而且是第一位答应写作交稿的学姐，她说计划写有关带着茶出发到处旅行的故事，丽珍真的很浪漫，这一说顿时让我想到几年前，参观李曙韵老师创作个展上的画作里那似曾相识的茶箱。

我一共参加过四次丽珍在自家办的茶会，第一次在淡水地中海的别墅，坐在高楼阳台上的茶席边，眺望着美丽的淡水河，饮下的茶汤有胸怀大志的气息。茶会前我们先吃外带的回香火锅，茶会后丽珍为茶客借到楼下的视听室，严肃的茶会后，还想到帮同学安排饮酒作乐唱歌跳舞的节目，完全实践丽珍办茶会的中心思想。丽珍说：好的茶会要体贴别人，同时也体贴自己。其余三场茶会都是在丽珍师大路的新居办的，有茶室落成启用茶会、送茶书院团长佳琳到英国留学茶会，还有年终茶会，精彩的茶会过程很丰富。三场茶会里，分别邀请古琴艺术家邵淑芬打鼓，民歌演唱家小高自弹自唱民歌，陶艺家三芝吟诵现代河洛诗。丽珍家办的四场茶会落幕，都是用意大利气泡葡萄白酒宣告圆满，茶会以淡定为基调，进行到尾声变成酒会，丽珍家的茶会让我体会到，办茶会也可以有人性化。之前和丽珍一起同班上课时，曙韵老师问到丽珍问题，丽珍常常不按常理地回答，我很希望将来丽珍可以办一场茶会，省略前半段，直接进行茶会下半场的节目，让茶会从人性化发展到理想化的境界。

借由这里我一并感谢丽珍、宜家、蕙兰、阿道、国平老同学，他们受文建会和新竹县文化局的聘请，到北埔茶博馆来给我们社区居民上茶课。

上回与丽珍见面得知，丽珍在自家的茶空间挂牌"瓻茶斋"，开始正式教授茶道课，我们往后会尊称丽珍为老师，同时恭喜我们的李曙韵老师升级为师公。

第二封信　陈丽英

有缘成为"人僊如菊"茶书院的一员，承蒙丽英的推荐与提携，还好我没有半途而废。习茶初期全家时常受丽英邀请，到三芝的别墅茶屋作客，心中的欢喜自然不在话下。尤其丽英还时常带客人光顾我们经营的小茶铺，心中非常感谢，借着向丽英邀稿，说出存放在心中许久的感念。

陈丽英与陈丽珍常常让人搞不清楚，称丽英陈老师大家也许会比较明白。陈老师和邵淑芬是同事，都在国家音乐厅演奏传统音乐，都是第一等的音乐大师。陈老师的女儿宣宣，跟我的儿子古蜜同年，这两位幸运的小孩，可能是唯一参加过茶书院茶会的儿童。

几年前陈老师来北埔，参加制茶体验，知道我们家经营民宿，便说春节邀请全家来我们的水堂民宿，我本以为陈老师只是说说而已，没想到他们全家过年真的来了。当然恩人来北埔，我必定发挥北埔第一解说员的功力，从峨眉湖一直导览到北埔大庙慈天宫。过年疯狂大堵车，短短四公里开了一个多小时，大伙睡一觉醒来还没回到北埔。我坐在陈老师的车前座，听到后座传来美妙的歌声，陈老师向我介绍说，她们家的姐妹淘没有一个不会唱歌不爱音乐的，原来丽英的音乐造诣来自遗传。晚餐后我们回水堂喝茶，我要求以好茶会美妙的歌声，今天的茶汤有陈老师家族的美声加持，喝起来格外蜜香浓郁。

第三封信　吕宜家

每回走在北埔老街上，遇到上回宜家来北埔授茶道课时的学员，都会被问起宜家的近况，以及何时宜家老师会再来给我们上课等话题，显然宜家来北埔给我们上茶道课结下了许多善缘。宜家的年纪跟她的个子一样，小小的。到茶书院的初期，曙韵老师向我介绍吕宜家，特别强调宜家的家族是台湾经营茶叶的世家，吕爸吕礼臻先生也是推动台湾茶文化发展繁荣的前辈。我们约好到宜家家拜访，位于台北土城的"真淳雅茶苑"以及"竹君"，便是宜家家族所经营的茶商号。茶商号门面的橱窗就有三开间，内为楼中楼的设计，前后左右，上下四方，整齐有条理，所有陈设都是茶与茶器。如此大间专业的茶商号，走遍全台湾也找不到几家。我敢说全书院没有一位同学家的茶比宜家家的多，茶具就更不用比了。听说生长在吕家的小孩，他们童年的玩法就有踢"老陀茶"毽子，丢"红印"飞盘，真可谓浸泡在茶叶中长大。

第四封信 邵淑芬

上几堂琴课下来，我们终于了解李曙韵老师请邵老师来的用意和目的，我们学古琴，不是为了想做琴人，也不是为了表演，纯粹是修身养性。妻子珍梅要我感谢邵老师，他不急不缓的教学方式，刚好可以让我们吸收融会。

邵老师说：学琴要生活化一点才学得下去，我们开课之后来上课，可以一边学琴、一边泡茶、一边写字，好浪漫的想法，一个下午同时学到三种才艺，太棒了。

茶书院几场重要茶会的主题茶杯，都是定制于邵老师家的作品，同学们争先恐后地收藏，或许再过数十年或百年后，使用这些茶具的后人，也会像我们现在鉴赏清代的青瓷或老德化瓷器那样，用它来饮茶汤吧。

邵老师，大家很喜欢"玩物尚置"的茶具，能否为初次接触茶具的同好，介绍"玩物尚置"的茶具？

第五封信　赖俊竹

俊竹人在上海，离我最遥远，却是第一位交稿的作者，我是本书的主编，万万没想到，自己反而是最后交稿的人。来茶书院学茶的初期很压抑，早上的课只有李曙韵老师、我跟一位学姐，茶书院文化向来女士优先，我们男寡不敌女众。我来茶书院时，学姐很多，学长很少，只有三位，阿道常常迟到，国平也是一下来上课，一下又不见，后来才从李曙韵老师口中得知他去日本进修三个月顺便工作。在很多女生又只有我一个男生的陌生环境里上课，我显得很不自在，常常压抑心中不安的情绪，上了两堂课下来，其实有点想要退学。还好这时认识了俊竹与阿诗，从此俊竹与阿诗也就成了我来茶书院上课熟识的学长学姐。这时的茶书院，我是资历最浅的新学员，李曙韵老师上课很认真也很严肃，学员除了认真学习勤做笔记之外，还要不断地注意自己的行为举止，当时的茶书院就像筱如在文章里提到的一样——茶空间如佛室，虽然李曙韵老师没有定下茶书院的习茶清规，但是来上课者，必须具备事茶人的基本素养跟礼仪。至于事茶人的素养和礼仪是什么，我一时也讲不出来，只能体会而无法言传，也许这就是茶书院的核心价值——"人儒禅"。

李曙韵老师由于教学认真、求好心切，有好几回都把学姐训哭，我也曾经在上插花课时被罚站过，但是从来没有学员因为李曙韵老师教学严格而离开茶书院。上了将近两个月的茶道课，我从来没有执过壶，更没有泡过茶，上课事的茶都是由李曙韵老师或学长执壶的。今天李曙韵老师突然点名要我用盖杯泡自己带来的北埔膨风茶，我当时感到非常忐忑，这是我头一回在众多专业的事茶人面前，表演我的茶道美学，表面上看起来我没有紧张，其实当下心里很害怕，因为我一辈子都不曾认真正式地泡过茶。好不容易注好水，大家屏息鸦雀无声地等待我出汤，我故作大方地拿起瓷器的盖杯，大胆地注茶入茶盅，潇洒地出茶汤，结果茶汤只出到一半，却发现自己的粗手无法忍耐盖杯传出来的高热，于是停下来告诉大家这盖杯太烫，我受不了，可以分两次出茶汤吗？当下所有在场的事茶人，无不被我这样的庸俗举动笑翻天，就在这时，我发现再严肃的曙韵老师也会有逼不得已开怀大笑的时候。大伙狂笑完后，我预告即将出下半盖杯的茶汤时，阿诗告诉我：我们交换座位。我说：我还没泡完。没想到大家听了之后，笑得比刚才还要夸张，学姐不住地说：够了！够了！

俊竹和阿诗也许基于情谊，或许看出我后续有无穷的潜力，只是还没爆发出来，于是开始偷偷地教我事茶人应该要学会的基础功课：温壶、烫杯、赏茶、置茶、出汤、分茶等等。阿诗教我司茶，俊竹自然地就成了我人生中的第一位茶客。

以前常常听同学讲：人像如菊茶书院玩的感情都是真的，玩假感情的人很快就会离开。我很感谢老同学们，始终如俊竹一样以真情相待古大哥，收到第一篇文章，我心中感动万分。

第六封信　李如华

如华：好久不见。光阴似箭，恍惚间我想起以前在老空间和秀秀一起上课的时光，在不知不觉中，那已经过去了好几年。曙韵老师说你升格当妈妈之后开始在家相夫教子，又有好茶相伴，真是幸福。听说你们家客厅里还保留着用早期流行于每个家庭的生活茶车泡茶的习惯，全家人一起围绕在茶车前喝茶的情景，不要说在台北，即使在北埔也很难办到。我实在很羡慕，虽然我们开茶行，但也未必能够把喝茶落实在生活里面，很期待能够分享到你的幸福生活茶车。

第七封信　郭国文

小郭上茶课最认真了，从头到尾做笔记，一大本写得密密麻麻的文稿，我看将来可以出一册《郭国文古文物全集》。小郭的"山堂夜坐"古文物店开在郊区，知名度与内涵及服务的项目，绝对雅于市区里的大古玩商。我所认识爱喝茶的朋友都去过他家，每次和曙韵老师一起来小郭家都在晚上，一坐就到深夜，很晚才开车回北埔。山堂夜坐的空间不是很大，摆上小郭包罗万象的收藏，空间虽小但十分精彩，常让访客流连忘返。我在北埔的茶堂前面有一口水井，故把茶店名取作水井茶堂，不知小郭的客人是不是夜晚更多，所以把古文物店取名"山堂夜坐"。头一回造访小郭的古文物店，小郭不但卖茶叶，同时还卖有机糖；第二次来发现山堂夜坐矮柜上放了很多老高粱酒；第三次访小郭家的山堂夜坐，一进门就香气十足，走近橱柜，发现里面的古文物已被沉香取代了。我说：小郭的山堂夜坐越来越丰富。小郭回我：没有啦！这是杂货店。我回小郭：这是一间全世界最高档的杂货店。

回家的路上跟合伙人谈到，把水井茶堂改为古早日常生活用品杂货店。依你看如何？"依我看，把水井茶堂改成麦当劳或加油站，你看如何？"

了解我的同学问：古大哥到小郭家买了几瓶高粱酒？嘘！大嫂在旁边，我先买她喜欢的沉香。

第八封信　廖素金

曙韵老师告诉我们，阿金全家每晚都会在家里聆听儿子弹琴、陪婆婆泡茶，光是听起来就有一种幸福感，三代同堂一起喝茶，同时欣赏儿子演奏古琴，应该用"有琴声的茶汤"来形容当下的每一泡好茶。为了将这个美好的场景复制到我家，我也开始在家弹琴，儿子古蜜、古二在一旁写功课，我就坐在他们对面弹琴，想要把家里的客厅营造出书香门第的气质，借由精湛的琴技熏陶古氏兄弟，去除他们心中贪玩的业障。没料到今天古蜜突然站起来叫我停，换他弹琴，古蜜站在原地反方向弹出《阳关三叠》与《酒狂》一小小段的前奏。我一面被古蜜吓了一跳，一面夸奖古蜜：你蛮厉害的嘛！无师自通也。古蜜回我：谁像你那么笨，才几个旋律，弹了好几个月还在练习。我表面上严肃告诫古蜜，最好注意自己的言行，内心却狂喜：不久之后，我也可以像阿金一样，在家里的客厅喝到"有琴声的茶汤"了。

我很欣赏阿金家设计的白色陶瓷茶具，上回来北埔送我的时尚白色茶壶，古二为它取了一个很炫的名字，叫作飞碟冷泡壶，这把很适合冷泡的茶壶，现在是水井茶堂的专属迎宾壶。

其实阿金家不只是设计白色的全瓷茶具出众，还有设计被德国著名品牌纳入旗下系列产品。我无意间从媒体上看到美国前总统奥巴马家餐桌上的白色餐具也来自中国台湾，报道中还说奥巴马的夫人，除了喜爱戴白色珍珠项链首饰之外，她的服装也选用中国台湾服装设计师的作品。报道杂志上的白色餐具看起来似曾相识，上课时我祝贺阿金："厉害喔！连奥巴马都用你家设计的餐具。"阿金带着谦虚的笑容回道："古大哥，我们是运气好才被选上。"

去年春节阿金陪同先生、陆老师和陆妈妈，来北埔走春，回程时陆妈妈送我一句很真实的话："今天还好有我们来陪你啊！古先生，不然我看你一定很无聊。"我在北埔膨风半辈子，脸上这副花假的西洋镜，终有被智者拆穿的一天，在北埔有的时候真的很无聊，如果没有来茶书院习茶，台湾的茶界将永远少了茶二十一席。

欣赏阿金拍的照片，发觉阿金的构图很独特，在热闹的场合中给人一种宁静的感觉，画面很真实，我个人很喜欢这种纯净的摄影手法，感谢阿金无私地提供珍贵的影像，提升了本书的美感。

第九封信 林筱如

李曙韵老师是这样形容筱如的：把茶和香看作比饭还重要的慈济师姐。这个题目实在很有意思，又很符合筱如的形象，如果可以的话可否与我们分享一下——师姐的修行与生活茶。

筱如收信之后马上回传说：这个题目太大，太严肃，我不敢写。

筱如寄来好几次稿件，每次都是以《茶之心》作为标题，谦虚地说自己写得不够好，还要继续修改。筱如寄来的《茶之心》，让我想起冈仓天心的《茶之书》。一样是茶之心，冈仓天心把茶写得极致完美，筱如讲的茶之心是落实在生活中，喝好茶带来的欢喜心。筱如超级爱收藏北埔的山茶，也很疼惜手中的茶物跟香道具，最难得的是从来不吝啬与他人分享自己的珍藏品，内心纯净，正如茶之心。

邀稿期间，筱如来电恭喜我，最难缠的两位作者终于完稿。筱如说：昨天晚上为了宜家跟阿金能够顺利完成文章，她们邀约师姐筱如、蕙兰、玲祯，同时恭请李曙韵老师亲自坐镇，到诚品书店的咖啡馆，在众人陪伴之下终于完稿。据说是玲祯充当记者，宜家与阿金假装当受访人，在李曙韵老师亲自监督下才大功告成。我想之所以如此慎重，主要是想实践李曙韵老师所说的"诚品的咖啡馆是一个很适合写作的地方"。这项艰巨的访谈听说是从晚餐进行到深夜，参与的同学非记者或受访人，就充当服务员倒咖啡、奉茶，最后上酒，希望受访人在微醺之中说多一点也说快一点。入夜过午时，督导先行离去，大家累得趴倒在餐桌上。时间已经是午夜两点半了，大家开始进入昏迷状态，只有宜家是夜猫子，她的眼睛本来就很大，现在更加明亮，宜家对着大家说：Ya！我现在可以接受访问了。大家听了当场晕倒。听完筱如昨天晚上参加茶书院在诚品书店举办的超级小型写作联谊会的实况转播，我除了感叹自己只能向同学们邀稿，而无缘参与这场完稿的幸福画面，心中还是满满的感动，久久不能平息，或许这就是茶书院的特质，与老师相处久了，情感会变成真的。

第十封信　程婉仪

李曙韵老师在文章里提到"茶人是不会下班的"，每当这句话出现，脑海里便会浮现出在Sarah家作客的画面，我们来她家叨扰，每回都能称心如意，实在感激。

以前的Sarah是名副其实的时尚人士，差点留在美国变成美国人，回台湾后在名牌旗舰店当店长，时尚界人士最能掌握新的资讯，虽然我已经没有每个礼拜去上茶课，只要去Sarah家就可以补充茶书院最新流行讯息。例如，李曙韵老师要我们开始学古琴，Sarah家就出现了一张古琴，这是两年前的事。Sarah问：古大哥对古琴有没有兴趣？我说：还在酝酿学琴的情境。过两个月去Sarah家发现，以前的茶桌变成书画桌，餐桌变成茶桌，我问：这是怎么回事？Sarah回：最近茶书院在上书法和国画课。她问我：要学吗？我说：再看看。

回晚香室看李曙韵老师，曙韵老师送我朱砂、毛笔及空白的抄经本，并且要我回家抄佛经，同时附上自己抄写完成的《心经》墨宝给我回家参考，顺便问我要不要来学篆刻，我说茶书院的脚步实在太快了吧。约莫两周后接到Sarah的简讯，告知李曙韵老师要大家踊跃报名上锔瓷课，如果同学有空，可以隔周留下来上打坐课。我对Sarah和曙韵老师说：我目前灵魂还停留在准备学古琴的阶段，茶书院的速度太快了，加上我又是有"身心障碍"的人士，哪追得上你们。李曙韵老师立刻回答：那就请邵老师来开古琴课，个人的时间与才能有限，也只能选择锔瓷、古琴，还有最新开设的金工课。Sarah是基督徒，茶书院的活动除了打坐、抄佛经之外，她照学全收，琴、茶、书、画、花、工、艺七样中国的传统技艺样样涉猎，这三年来，我观察Sarah家，俨然从时尚名品馆，逐渐变成传统艺术的研究室。对我们来说，Sarah不只是"不会下班"的事茶人，也是全方位的事茶人。

第十一封信　蒋蕙兰

上回蕙兰给我提供了一个非常好的题目——跟着膨风茶去旅行。结果在晚香室讨论如何进行书写计划当天，被丽珍先拿去引用了，她说她要写"带着茶箱去旅行"的主题。蕙兰拍了很多有关茶的纪录片，我想大家都和我一样，很想听听一位导演是如何看待茶，如何用镜头与茶产生互动与对话的吧。

有一年我受企业家李焜耀先生邀请，于北埔麻布山林举办一场企业家联谊茶会，在曙韵老师协助下邀请"五下班"的阿金、筱如、婉仪，还有博尧特地来帮忙。婉仪为了慎重起见，特地借来蕙兰珍藏的老德化白瓷壶，跟我们说：蕙兰人不能来，心与我们同在。我又一次被同学之间的情谊感动，不知大家有没有机缘和我一样荣幸，见识蒋导的老德化古瓷壶，以及他得到老德化白瓷壶的故事，让同学们也能共沾一下这份喜悦。

茶席上的老德化古瓷壶，不管是壶身的线条比例，或是釉面的光泽，或是高温烧结的工艺，都显示出这把壶的经典与稀有，美到极致。尤其泡姜礼杞制的"醉太极"，花果蜜香分明且一应俱足。我说：这么昂贵的壶不要随便拿来泡茶。婉仪说：像这种等级的壶是很难得出门的，我觉得应该趁此机会多泡一下。

帮忙布置会场的工作人员告诉我们，今天来的贵宾的资产加起来有好几兆。我告诫他：我不管谁有几兆，事茶人还没有入茶席之前，严格禁止任何人触摸茶器，茶桌上也严禁摆放任何物品，因为茶器等于事茶人的生命。

李导和蒋导都是知名的导演，让人非常仰慕，蕙兰来北埔拍茶的纪录片，我带着工作人员，乘坐四轮的小发财车上茶山，见识到蒋导拍片的专业跟准确度。我有幸住在一级古迹里，有很多机会上媒体，也见过不少大小导演来水井拍影片，通常导演很专业，但执行的准确度不一定会跟他的专业水平一样。李导、蒋导都来我家取过景，他们的专业与准确度让我们这些非专业演员被拍摄时，不会感到有压力。

蕙兰的父亲、先生，还有两个浪漫的儿子，都是双鱼座。我的妻子珍梅说：蕙兰生活在八条多情的鱼世界里，一定很忙，也很快乐，我家有四条，就快受不了了。

第十二封信　黄珍梅

珍梅看过茶之侣的初稿夸赞说："古大哥有成长，主编这本茶书，专门说别人好，有别一般坊间的茶书，从头到尾都在讲自己厉害。"我说："下一本书出版我要让你们知道我有多厉害，哈……哈！"

珍梅说："刚刚才说你有成长，马上又犯膨风的老毛病。"

茶书院一直以来都有鹣鲽茶侣（夫妻茶侣）的加入，开煌、煌城、余教授、志杰、志鸿，还有我和珍梅。

珍梅的文章写"跟随"，我应该回敬她"陪伴"。来茶书院上课初期，我并没有执意邀请珍梅加入，毕竟水井需要有人留守，或许她感受到我自从加入茶书院之后，生活气质美学修养有明显大幅度的成长和改善，才愿意跟随我来茶书院当学生。珍梅上茶课的时间与我相同，却坚持不上茶席司茶当事茶人，自愿从头到尾当我的司茶助理，茶会中场帮我倒水洗杯，下半场整理茶席换茶，终场收拾打包。

几场大型的茶会下来，有同学问：古太太不知何时上场一展来茶书院所学的茶技能，让老师、同学还有客人一睹古大嫂行茶司茶的威仪。珍梅回应：我以相夫为贵，古大哥泡茶当然要有助理在旁才会像大哥，当先生的助理是我的本分。

今天一姐带"后场美女"来水井喝茶，一姐不只是李曙韵老师创始茶书院的伙伴，还兼任所有大型茶会、茶食点心房的总管，完美的茶食，对茶会来说有画龙点睛的效果。一姐常说茶会后场负责茶食的学员为后场美女，想要加入后场美女，比当事茶人还要困难，第一是名额有限，第二是要跟一姐有缘，第二点比第一点更难，今天才知道珍梅在阳明山食养的芒种茶会上就被一姐录取了。一姐问珍梅：茶食组好不好玩，珍梅回答：好玩哪！在后场自由自在先吃喝玩乐后，才开始认真工作，虽然辛苦但是很快乐，天塌下来还有一姐顶着。当事茶人就不一样了，茶会的前置作业很长，光是准备茶器练茶就要花上好几个月，茶席摆好确定后开始排练，茶会当前静坐禁语，有时还要与茶客互动，事茶人不是一般人可以做到的。我自认自己不行，后来发现后场美女最适合我，感谢一姐不嫌弃，让我当上后场美女。

难怪在茶会中场我常常找不到助理！

第十三封信 林千弘

千弘和阿金都是留学意大利的室内设计师，千弘这名字让人很忌妒，千弘集合大千和弘一于一身，怪不得才华出众，还在美食战区开设意大利餐厅，可见千弘的厨艺非比寻常。

千弘为灯夕茶会设计的茶桌我很喜欢。这是一组桧木制成的席地茶桌，摆水方的位置开有一个四方的口径，植入玻璃器皿便可以当花器，同时也可以当作水方使用。为了让事茶人收纳方便，千弘运用相同的木材，做了一个具备收纳又可以煮水的木盒，茶人司茶时可从桌底取出来烧水，不用时可回归原位，完全不占空间。茶客与事茶人的坐垫，是用小四方草席手工制的蒲团，席地久坐也很舒服，四方蒲团叠起后亦可收纳于桌下。作品节省空间又环保，茶会还没开始，茶桌早就被订购一空，足见受欢迎程度。

最让我懊恼的是，错过了两次茶书院私办的茶会，而茶食正是由千弘负责的。

同学们来北埔喝茶我应当请吃饭，到茶书院则会由同学轮流回请我们，"五下班"的同学常来北埔，也就是说我在北埔请一次客，来台北可以吃回好几餐。唯一不同的是在北埔请的都是客家菜，来台北吃回来的都是贵族料理。下课了，今天我建议到千弘家吃意大利餐，同学们都很诧异！古大哥居然没有来过千弘家用餐。同学请客不管到任何名店，通常都会从招牌的菜色点起，吃到大家感到饱足舒服为止，今天也不例外，用餐中场老板回来了，请我们喝白酒，我礼谢千弘，下回带全家来光顾。

写到这里接到信息："古大哥，大嫂，新竹发生地震，一切可好——蕙兰"

第十四封信　温萍英

李曙韵老师说，萍英对茶有独特的想法，要我向萍英邀稿。茶的面相很广泛，"人僭如菊"的同学们个个拥有专才，对于事茶的看法也很多样，这本茶书的内容，我个人很想尝试将不同的事茶人联结在一起，撰写成一本茶书，看看会开出怎样的花朵。有萍英的加入，本书的精彩程度必定将更上一层楼。

第十五封信　谢瑞隆

瑞隆是目前茶书院唯一专职以种茶制茶为主业的同学。瑞隆很年轻，全身上下散发着一股对茶事业的憧憬，目前就读东海大学硕士班，毕业后台湾将多一位拥有高学历的制茶家。听说北埔现在就有一位硕士制茶家，这位硕士对于制茶抱着许多奇想，在制茶的过程中常会有新的主意跟想法，于是发明了冷气风干萎凋和利用暖暖包发酵的制茶法，后来发现自己的"创举"非常荒谬，于是又回到传统的工序上老老实实制茶。我熟识很多茶农，他们关心的茶议题永远都围绕着比赛茶。瑞隆跟时尚的茶农不一样，听同学说瑞隆生活很简朴，茹素，打坐修行，非常关心茶园的生态耕作，致力于茶文化的推广。年轻人有这样的生活理念，让我很是感动。

第十六封信　史浩霖

史浩霖，搬到台南好玩吗？

大家都很好奇外国人是如何看待台湾茶的，或许有很多同学也想了解你的习茶内容，你是茶书院的模范生，可以用英文书写，你可以自由发挥，题材不限，如果有"安格斯"①出现在你的

---

① 安格斯是最近生活在北埔人文茶庄的一只听得懂英文、很有灵性并且善解客家人意的狗。

文章里面，一定更精彩，因为我最近很想它。

八年前，史浩霖先生要去南庄旅游，结果迷路了，来到北埔老聚落，傍晚我们正在水堂的庭院喝茶，他走进庭院，问可以进来一起喝茶吗？我当然表示欢迎，最后还留他们在水堂民宿住宿。往后浩霖不管回澳大利亚墨尔本或是留在中国台湾工作，每年都会来水堂民宿，最后成为我们经营非开放民宿住宿最多的贵宾兼好友。浩霖结束台湾的工作，回墨尔本前夕来水堂民宿，顺便向我们告别。他说：以后来台湾的机会可能会比较少，但是基于很喜欢台湾也很喜欢喝茶的缘故，我会想办法再来台湾，或许来台湾写有关茶的博士论文也说不定。

阔别两年，突然接到浩霖的越洋电话，说要我们帮他在北埔老聚落里租房子，而且要求我们一定要租老房子，说他要来写博士论文，主题是"台湾茶文化：以东方美人茶为例"。友人即将要来北埔写有关茶的博士论文，这对北埔来说，是新闻。之前高中同学拜托我们帮他在北埔找老房子，三年了至今还是没有下文。我们打了两通电话就帮浩霖租到妹妹同学位于水井茶堂后方的小合院，我们照浩霖的计划先租半年，时逢北埔的膨风茶产茶季，我们先带浩霖做茶山的田野调查，跟茶农的访谈记录。浩霖先生住在北埔的半年期间，古二的蕴芬姐姐陆续搬来北埔，但是浩霖还是念念不忘他们夫妻暂时寄养在墨尔本的"儿子"安格斯。安格斯在所有认识浩霖的亲朋好友的期待中，终于抵达台湾的北埔人文茶庄，安格斯经过长途跋涉，飞行万里的表情，又让我想起台湾大众银行广告中那位伟大的母亲为了要帮爱女坐月子，勇敢坚强地独自一个人前往欧洲，过程充满艰辛困苦，带着疲惫恐惧与不安，最后终于抵达目的地。北埔乡亲问浩霖："小狗坐飞机要钱吗？"浩霖回答："其实安格斯的飞机票价比我们的还要贵。""那要多少钱？"浩霖回答："台币大概六万多。"乡亲回应浩霖："冤枉！我看你这只小狗又没有很大，也不是德国狼狗，也不是日本的秋田狗，花六万多从澳洲弄来北埔没有那个价值，不如把这个钱省下来请我们去你家玩。"

我勇敢地在众多乡亲面前为安格斯作辩护："你们这些没有出过台湾的乡下人，哪里知道外国狗在他们心中的价值与分量有多重要。"一时间突然间听到："谁说我没有出过台湾，我十多年前就有去过澳洲了，也有看过真的袋鼠和无尾熊，也有去走过雪梨国家音乐厅的大吊桥。"这位伯母质疑着问我："你有没有去过澳洲？"我回："没有。"伯母再次应我："没有去过澳洲有什么好讲的。"

浩霖住在北埔做田野调查期间，人缘特好，结识了许多茶友、饭友、朋友、酒友，生活自然忙碌。我们时常听他告诫自己是来台湾写博士论文的，所以要找一个有文艺气息的地方，住下来专心完成论文。过完年，我们全家去叨扰搬到台南用功写论文的浩霖，发现台南市的假日比北埔乡还要安静，最主要的是这里酒友少，文艺气息浓郁，非常适合博士居住。回家前我向浩霖说：台湾真的需要一本真实记录茶文化的英文著作，大家都很期待。

浩霖回北埔观看冬茶比赛时，遇见新竹县长，县长立刻顺水推舟：你们看到了吗？新竹的茶多么有名啊，连浩霖都来帮我们写膨风茶的博士论文。县长显然比我还要会"膨风"。

第十七封信　吴玲祯

周三有幸参加"三晚班"的练茶课，当时李曙韵老师夸奖："三晚班"为茶书院最认真最优秀的班级。我浏览过茶桌上每位同学的茶具，发现从来没有一个班级的茶具，是被主人如此用心养护的，心中油然生起对学弟学妹的钦佩，他们居然能够将不久前才来办展览的日本陶艺家的茶器，养护出有明初老件的气质，这实在很不容易。赏析玲祯的壶承，我有点似曾相识之感，问玲祯：你的壶承是从哪里收到的？玲祯说壶承是大概二三十年前流行于坊间的建材地砖，我很怀疑早期的建材地砖能烧出如此的光泽与圆润。玲祯建议我回去也可以找一片养养看看。我问：如何养壶承？玲祯说：我喝一口白毫乌龙也让壶承喝一口，时间久了，地砖自然就呈现出白毫乌龙的光泽。原来壶承会吸引人家的目光，是主人用情感与时间培养出来的颜色，这让我为之动容。

我再生惭愧心，喝了二十多年的白毫乌龙，连一个茶杯都未曾培养过，我这种习茶的行为，如果被冈仓天心发现，一定会被形容"古人无茶气"。玲祯你真的是我认识喝白毫乌龙茶的客人中，最认真的一位。

第十八封信　任政林

向任先生冒昧邀稿，不礼貌之处敬请见谅。曙韵老师很早就提及要我跟任先生好好学习茶道跟修行，希望我能够向任先生邀到有关茶修行生活的文章。我知道自己慧根轻薄，只要提到"修行"两个字就会想要逃遁，也许我还停留在"菩提为烦恼"的阶段。上周古琴课，任先生提及要向同学借电磁炉回家帮同学养铁壶一事，我实在很感佩。很多同学都称我为学长，我竟然发现自己从来未曾帮新同学做过任何服务，实在惭愧。

任先生养壶复旧茶具的功夫第一流，可以在很短的时间内将全新的器物变成有岁月痕迹的古物，由此可见任先生对待器物付出的情感非比寻常。任先生来北埔很有收获，和同学散步走在老聚落里的古迹区，在慈天宫庙后面捡到一叠百年古瓦，再往前走到荒废的老厝边，发现长满青苔的老砖头，索性将它们一并捡回。纵然任先生手上拿的这些破旧不完整的残片是老屋不要的废料，他还是去找附近的居民，问附近的伯母，手上这些东西要跟谁买，准备付费用给屋主。邻居向任先生说：屋主不住在附近。最后只好把心中认定的购物费用，捐到慈天宫的功德箱。北埔的好茶呢？任先生当然没有遗漏。

　　春节前送花器来任先生家，任先生的房屋是一栋建构在水泥丛林之中的清静原木屋，屋子里面每一个角落都是用佛像和古物布置出来的空间。进出任先生家，好像通过小叮当的任意门，门里门外是两个截然不同的世界。古二说：到任先生家仿佛走进吴哥窟。"吴哥窟"茶案桌上放着"壶承"，任先生帮北埔的"古砖"找到了最有价值的位置。

第十九封信　贝勒爷

　　同学们都羡慕贝勒爷拥有的千把名壶和万片茶砖，当然我也为此动容。我一辈子拥有的茶壶还没超过十把，茶砖也只有几片，我对于收藏，只是入门者，所以很羡慕收藏家。故期待贝勒爷能在文章中，透露收藏茶跟壶的一二事，引领初学者入门，让后学者得以跟进。传说中的贝勒爷，车上随时都会放一箱茶壶，茶壶是用报纸包着装在纸箱里的，"三晚班"同学来北埔看茶山，同学起哄要贝勒爷把车上的名壶请下来让我们有机会鉴赏一番，看着贝勒爷好像变魔术般的，在一堆报纸里变出一把一把的茶壶，同时为我们一一解说茶壶的来历与身价。我欣赏把玩过一桌的名壶之后，突然明白，郭先生为什么会被同学称为贝勒爷。

第二十封信　陈玉琳

我问李曙韵老师：我认识玉琳吗？

同学回答我：玉琳就是灯夕茶会撒花瓣的新同学。

我说：虽然一姐家的灯夕茶会我们没有参加，但从阿金的照片里，也能感受到茶会当时花瓣飘逸的美丽。

在一姐私宅办的"戏元宵茶会"，光是看阿金提供的照片，就感到美不胜收，茶会期间因为陪大姐在台大医院做化疗，故与灯夕元宵茶会擦身而过。还好阿金为了弥补我未能参与茶会的缺憾，送我一张茶会当日完整的记录光盘，过一下缺席元宵茶会的茶瘾。

在茶会里任先生以修行者的庄严仪态，演奏琉璃之音，引导整场茶会的次第，丽英伴奏二胡，素君老师随乐起舞，我们的古琴指导邵老师想必当下也会来一段即兴击奏吧？玉琳曼妙地在茶会现场挥撒花瓣，茶会最后由千弘跳加官圆满收场。如果我是老师，欣赏众多学生如此精彩的演出，心中应该会浮现慈父般的微笑吧。

到过水井或茶博馆的茶人，多少都会感到我的茶具有茶书院的身影，如史浩霖同学跟我说：在五楼练茶时我发现，前后左右同学的茶具都差不多，但是跟在外面茶人的不一样。我很庆幸外国的新同学注意到我们的茶具跟别人家不一样。我回史浩霖：因为我们的老师也跟人家的老师不一样。

生活要过得简单很复杂，要过得复杂很简单，学茶亦如此，越简单越好，茶宜简不宜繁。也许是自己懒散，故所学之艺，自始至终都只选择一门深入。我的事茶间虽处在北埔的陋巷里，但还是有许多茶界的茶友，不嫌弃来造访，行茶间向我提到报章杂志上常出现的茶人，问我认不认识他们。除了我的老师之外，对于茶界，我一无所知。茶友问我：这样对茶的见地会不会太狭隘？在此回应关心我的茶友：习茶之初我曾经邀约北埔的制茶家到台北学茶道，顺道研究一下外地茶区的推广发展状况。制茶人回答我：我们家种茶制茶，已经好几代人了，至今对北埔的膨风茶还没有研究完，没事去台北研究茶，真是脑子糊涂了？一语惊醒梦中的我，管好自己的北埔茶叶才是正道。台湾高山茶、云南普洱、武夷岩茶，自然有当地的茶人会去管理研究和推广。

我重新检视自己之后，发现还是回到北埔，选择膨风茶，选择重新老实地面对自己。

第一席

夏日茶席

文 / 陈丽珍

家里的茶席也会顺应季节而有所变化，
就那样静静地摆着，
慢慢调整呼吸，
烧开水，
专注当下每一件事

春日易有春想：赏樱、赏牡丹

夏日易有夏情：赏荷、赏萤

秋日易有秋思：赏菊、赏枫

冬日易有冬念：赏雪、赏泉（温泉）

谷雨闲情

谷雨大约是每年的四月二十、二十一日前后日子，是春季六个节气中最后一个节气，到了这时节，只要对季节敏感的人，就会感受到，春天已快结束，而夏天也就快来了。

谷雨有再生百谷之说，此时雨水较多，利于农事，也是茶山采茶盛况："谷雨前三日无茶挽，谷雨后三日挽不及。"时值暮春，正是寻茶的好时节，随身带一只饮茶杯，遇有茶农做茶、试茶时，即可分享一瓯茶。

游西湖，品龙井，更可感受文人墨客爱品茗、吟茶诗的情

景，依据节气写诗游历，每个季节不同，就有不同景象，元代卢集的诗词："烹煎黄金芽，不取谷雨后。同来二三子，三咽不忍嗽。"谷雨之后所采的叶就老了，龙井茶农也流传一句话："早采三天是个宝，迟采三天变成草。"且价钱差异也很大。

对于一个爱茶人，在任何时空，都会想要与茶约定，与茶对话，在异乡旅行时，必定要带一套旅行用的"茶具"，我将它视为旅行重要事。某年春游杭州，是我第一次探寻龙井，行至西湖，寒风未尽，乍暖还寒，杨柳冒出嫩黄芽，随着微风轻舞，点缀在湖边上，我无法忘怀当时的情景。享用地道的杭帮菜——知味观后，于湖边闲闲地踱步，偶尔拾起相机拍照，提着出门前打理过旅行用的茶具，探询船家游湖赏景，打桨的船夫操着江南轻柔语调介绍沿湖所见，行至湖心，我们顺道将船桌更改布置为茶席，船夫笑我们是一群爱茶的"雅士"，还主动递上热水供我们使用，在那不到八十摄氏度的水温下，温温柔柔地喝了当季的龙井，心情按下暂停键，有一种被理解的幸福感。畅游西湖，给自己一些悠闲的心情，拜访龙井村，了解茶人茶文化底蕴，正是茶可入心又可知心。

六月二十二日是二十四节气中的夏至，为白昼最长、黑夜最短的日子，自然界也会有许多现象变化，公园里开始有知了的叫声，它是大自然的合唱团。

时夏将至，盛夏来临，每十五天一节气，慢慢感受时节的变化，节日庆典也就特别有仪式感！

端午草香

端午前一日天气总是闷闷的，是"入梅"时吧！但是因今年气候异常，一直都处在无雨状态。

夏天我总是早起。六时起身，忽然有闲情逛早市，尤其是过节总爱往一些市集闲逛，采买日常生活食材，同时也在逛"文化"，先去广州街周记喝一碗咸粥配炸红糟肉，这是地道充满古意的传统稀饭，吃毕，从昆明街往东，由三水街市场后门进入，狭长的老市场保留着不少传统市场的风味。因接近端午，许多摊家都兼卖着青草，挂在门口的菖蒲、榕叶、艾草，这些来自民间传统的端午青草配方，我也应景买了一丛香茅、艾草，回家煮成汤汁，淋浴洗身，烹一锅香草汤，满室已闻草香味，粽香加上浴香，这好时节怎忍遗忘，不管它是避邪抑或是杀菌，至少当一日的"香妃"。

夏日消暑品

童年时期，只要到夏日，阿嬷为了准备务农时的割稻点心，总会熬煮仙草茶、冬瓜茶，绿豆汤也是家中每日必备的消暑盛品，丝瓜面线也是餐桌上经常出现的。长大后了解节气，才明白那时吃的都是老人家的清心消暑食物，现今在家经常出现的是冷泡茶——文山包种茶，只要在前一晚将三克茶叶放入六百毫升的保温瓶的冷水中，一觉醒来就可以享用冷泡茶的甘甜，这是不含化工原料、塑化剂的炎夏消暑最佳饮品。

夏日花卉莫过于荷花，每年芒种过后于沼泽边生长，颜色有粉、有白，我特别钟爱白色荷花，于历史博物馆四楼挹翠楼靠荷花池旁，点一泡茶，俯视而望的荷花，更可以感受那一股宁静的禅味，清晨欣赏荷花还可听到它绽开的声音，不过想要看荷花盛开，还真要抓紧赏花期，因夏日常有雷鸣闪电，倏忽形成雷阵雨，夏日的荷花也就被打得不成样子了。

夏日茶席

　　家里的茶席也会顺应季节而有所变化，就那样静静地摆着，慢慢调整呼吸，烧开水，专注当下每一件事，放松再放松，静听水沸声，让心跟着呼吸调息，专注地注水，让茶在壶中翻滚浸润，慢慢舒展，轻轻饮一口……清新感有如早晨开花的兰花香，一天的开始，就从这一杯茶起。

第二席

茶与乐的交融

文 / 陈丽英

在等待每一泡茶的郑重氛围中，
须臾中的惊喜与期盼开启了更多元的感官世界，
作为一个茶人，
茶让我在表演艺术里更安定，
旋律无形的变化也呈现出更多前所未有的预见

二〇〇二年秋天，一个怀旧的糖果罐，藉由曙韵老师慷慨的分享，开始了我与茶书院不可分的情谊。

对于悠游二胡演奏的我，茶与乐在我生命中交融唱和，兼容互惠，无形中使得生命的美学及个人的艺术涵养更为厚实。

长期从事二胡演奏工作的我，原本演奏只是单纯的音乐表现，习茶之后，由于事茶的谦虚内敛，使我的音乐变得更细腻完整，无形中增加了许多艺术表现空间。（原句：透过茶，茶席的氛围和精致，对茶汤的关注和细致，无形中让我能完整表达出内在更深入的音乐语言。）乐句间的休止符与书法中的留白，纸张与墨色的挥洒同样不可或缺。

过去的我在艺术呈现上较为浮于表相，习茶之后，无形间增加了许多宽广的空间，使得音乐表现更为细致内敛。

在等待每一泡茶的郑重氛围中，须臾中的惊喜与期盼开启了更多元的感官世界，作为一个茶人，茶让我在表演艺术里更安

定，旋律无形的变化也呈现出更多前所未有的预见；在习茶中的每一次等待、静止，都幻化为乐句中的独白和安静的期待。习茶和演奏原是异曲同工的表演艺术，是时空的等待。每一场茶席形式的创新，都丰富了我生命中的每一段乐章。

我不爱练茶，却让茶成为我的生活。

"想喝一杯茶"已经是我生活中最快乐的事，家中随处可见的茶席，实现了我心灵享受的一面。

跟随曙韵老师的再出发是我心境的转折点，带着满心的喜悦与无限的期盼，和茶书院同学间的交流分享，已是生活中不可或缺的精神食粮。

同学之间的聚散自然，借由"茶"这个媒介让我了解人生的简单和自在，生命的潜移默化，生活的美学与愿念，这些都加深了我对茶生活的体会。

或许是因为年纪关系，即便家庭工作有了什么变化，都撼动不了我对茶的喜爱。若说演奏是我的事业，那么习茶就是我的志业。

音乐随着音符的高低、长短、强弱、音色之不同而各有不同的象征性。在茶道的世界里，同样有写实的梦境，亦有抽象的真实。

很高兴在茶书院找到音乐以外的另一种语言，一种人与人沟通的心灵之声。

第三席

每次茶汤的美好都会留在心里

文 / 吕宜家

在这里，
茶席不只是视觉上的美、
味觉上的享受，
更会有一种超越感官的心灵感动，
让人想要坐下来体验一席茶

每当有人问起：如果人生再重来一次，你还会学茶吗？我总是毫不犹豫地答：当然会，茶是我的最爱。

从小家里就做茶叶生意，生活中所有的感官都与茶有关，那时不觉得它有什么特别，反正那就是生活。

小时候，我像是个静不下来的多动儿。妈妈为了培养我的耐心与专注力，会端着红豆绿豆要我分别挑出来，而坐不住的我，总是三秒钟就消失在她的视线内，直到父母开始教我泡茶，才渐渐学会安静专心地做一件事。

偶尔被父母带着到处表演，因为那时台湾儿童泡茶的风气还不兴盛，大家对一个活泼的小女孩泡茶都很感兴趣，因此莫名地成为台湾儿童茶艺表演第一人，常常有机会到各处演出。

专科毕业后，妈妈要我到处去拜师学茶。了解到她想要我传承家业的心愿，因此不能表现出压力，对于茶，我还是一个毫无感觉的虚应而已；但不是不爱茶，从小没有兴趣的事也逼不了我，只是从有记忆开始，就没有胆敢不喜欢茶的权利。

那时的学习，就是生活公式。

习茶一段时间后，还记得有一天妈妈来到店里，直接把我载到茶书院，糊里糊涂就跟在曙韵老师身边，成了当时唯一"走后门"的学生；一开始还不知道是"老师"，只依着妈妈说：叫"姐姐！"后来到茶书院上课久了，才发现自己怎么跟大家叫法不同？大家都是恭敬地称呼"老师"……才慢慢、慢慢地改了口。

茶书院为我打开了重新认识茶的另一扇大门。

以前，我在心里总是筑着一道无形的墙，远远地隔着窗遥望茶事；后来因为曙韵老师才开启了对茶的新知觉，可以轻松踏进大门悠游玩耍，从各种不同角度切入茶观看茶。在这里，茶席不只是视觉上的美、味觉上的享受，更会有一种超越感官的心灵感动，让人想要坐下来体验一席茶；即便是简单的道具，也能轻易感受到老师、同学对茶与空间的用心！

每当采茶季节，我总要到茶山上去，家里人常常天天往山上跑，偶尔等茶时偷偷摸鱼，不顺路地跑去嘉义吃碗鸡肉饭，虽是工作，对我而言，只要能和亲爱的家人一起，到哪都是放松的玩耍。每次出远门我也要随身带着茶，即便不像在平常熟悉的环境里那么方便，可以喝茶的时间也不多，但无论多累、多晚，在睡觉之前，都要给自己一泡茶。尤其在外面，抽离日常满满是茶的

生活环境，对于茶的感受会更为清楚鲜明，我很珍惜缓缓泡上一壶茶的感觉，那是真正属于自己的时间，在生活中成就一件茶事，是别人无法体会与享受的乐事。

现在，茶不只是家业，还多了一份人生重心的安定，虽然在店里泡的茶与在茶书院泡的截然不同，仿佛理性与感性的茶汤彼此切换，但茶汤的感动在于每支茶每次都不一样！时间久了后，每次茶汤的美好都会留在心里。

我常常面对茶书院的新生在泡茶时流露的羞涩和不自觉害怕的抖动而出了神，内心里不好意思说出口的是羡慕，因为从小训练，自己已是个不会紧张颤抖的茶人，心中恐惧的是对茶的新鲜不再，不知不觉变得麻木而成了泡茶机器。

曙韵老师说每个人都应该找个能启发自己心灵的方法或导师，如此才能具备自性的安定。

但我不想再到处找寻，因为心里有个清晰的声音说……当年那踏进家门的身影，就是这个让我依恋一辈子的依托。

古武南说

阿金谈到宜家泡的茶，一直有着一种气定神闲的气质。

"吕慢慢"是同学间出了名的慢，每次上课总需要三催四请，晚到的是她，下了课收拾道具最慢的也是她。

宜家的茶内敛，总能把对生命的感动呈现出来。她的柔软让她学习插花却总不爱剪花，每当泡坏一支好茶总呈现出失落表情。还记得她谈起店里卖茶试茶所造成的浪费，客人想到不要钱，总是把茶叶拼了命塞进壶里！——那样粗鲁而不尊重！对茶的心疼，无法用言语形容，以致常常让自己把心门关起来。

曙韵老师说宜家天生就是个茶人，不像我们其他人是选择。

她与老师的关系就像母女，任何时间无须任何借口或理由，只要一个傻笑就能沟通一切，缘起缘灭都淡然处之。

宜家年纪虽轻，却资历老练到每场茶会都曾经历，在茶会中扮演了安定人心的重要支柱。她跟大家不一样的是：茶会里茶席是唯一可以喘息的时候，因为她说茶会时大家紧张的情绪连吃饭都压力好大！不论如何被骂，她都可淡然处之，其实说穿了，她的心思根本不在挨骂这件事上。

宜家的茶，在似有若无中非常精准地、比宗教更容易地进入了她的生活。宜家，以慢的哲学，给我们一种安定感。

第四席

好茶名器

文 / 邵淑芬

每当一件新器形开发出来，
受到茶友们的喜爱，
所有的辛苦都化为欣喜，
也正因为如此，
我们将会更加努力

与茶结缘是在二〇〇二年的冬天，走入“人儋如菊”茶书院认识曙韵老师开始。会转向做茶具，多半也是出于曙韵老师的建议与鼓励。

二〇〇〇年外子将经营二十余年的古董事业暂时停止，思考下一步的方向。他是学雕塑出身，也曾做过陶艺，在当时台湾经济逐渐走下坡路之际，往大陆发展似乎是唯一的出路。因此他跨海西进，从他熟悉的陶瓷着手。他走遍大陆各地窑址，最后落脚江西景德镇，不只因为景德镇自古以来就是瓷器重镇，也因为只有在那里才有没有铅毒的“釉中彩”瓷器生产。

“釉中彩”，顾名思义，就是画在釉与釉中的彩瓷，它的制作过程非常繁复，成型后先烧成素胎，上透明釉再烧成白胎，然后在胎上画彩，绘毕再上一层透明釉再送烧，温度须达一千一百度至一千三百度始成。因此“釉中彩”烧制困难、成功率低，但却也是让人能喝得安心的茶器。

　　雪白的胎体画上缤纷的花卉图案，优雅秀丽的器型，不但赏心悦目，又兼具收藏价值，最重要的是它能衬托茶汤的滋味与香气。以"玩物尚置"为堂号的茶器从此成为爱茶人士的另一选择。当然中国传统喝茶的器具，除了彩瓷之外，白瓷和青瓷也被人广为使用。因此龙泉青瓷和德化白瓷也列入我们的产销品种。

　　这十几年来，从曙韵老师学茶，在茶具制作方面，她为我们提供了不少宝贵意见，我心中甚是感念。最辛苦的当然还是常年在异乡工作的外子，除了大小杂事一手抓，还要兼顾造型设计、图案配置等工作，更艰辛的是与当地员工的沟通，常常是状况百出、欲哭无泪，遇到挫折之多，实在是一言难尽。

　　二〇一〇年生产重心移至德化，除了原有的彩瓷，还增加了浮雕玉瓷的新品种，我们采用新的堂号——"敦睦窑"，借以分别不同时期的作品及窑口。当然，我们用心开发优质茶具的理念始终如一，每当一件新器形开发出来，受到茶友们的喜爱，所有的辛苦都化为欣喜，也正因为如此，我们将会更加努力。

第五席

茶的美好境地因人而生

文 / 赖俊竹

向逝去的人学习，
身体力行地事茶，
尽其所能地去亲近并认真体验茶的所有，
包括你喜爱的那些事茶人，
死后仍然如故

　　……升降梯真正说来，哪儿也到不了。它把人们载上去，让他们在平台上瞭望四周，然后再把人们载下来……

——约翰·博格

　　对绝大部分的人而言，茶，就像约翰·博格说的"升降梯"。茶，可以把你带上去，一览古今中外事茶人在脑海中描绘的茶的美好境地，然后再把你带回原来的地方。这就是人们亲近茶或离开茶的原因之一。

　　"所以，一切都和想象力有关？"

　　"想象力是没有重量的。如果拥有想象力就能实现茶的美好境地，这世上就不会有那么多因为无法实现梦想，或自认生不逢时、被现实所困而独自悲伤的人了。"

终于，我们到了顶端。

"那就是时间和经济条件的问题了，"我说。

"你还是不懂。"他转过身，朝平台边上的栏杆走去。

"即便拥有想象力，平常人确实不见得拥有足够的时间和金钱，让他们尝试将脑海中的境地在生活里实现。也难怪他们不快乐。"

我试图享受从高处眺望外滩和夜上海的风貌。

"让人不快乐的不是想象力，而是欲望。无法看清自己在这世上真实存在的位置，却压抑不住企图从空无一物中创造出某种事物的欲望。"他面对我淡然地说，直看进我的眼睛。"没时间了，你还想知道什么？"

"要怎样才能像你一样懂茶？"

他摇摇头，笑了，带着十八岁的生涩与谦逊。

向逝去的人学习，身体力行地事茶，尽其所能地亲近并认真体验茶的所有，包括你喜爱的那些事茶人，死后仍然如故。他说，并缓缓走向升降梯。

但时间和经济条件……

放声大笑，他用一千两百七十岁的傲慢笑着说：人，才是重点。茶的美好境地因人而生，而联结人的，是心。亲近茶，离开

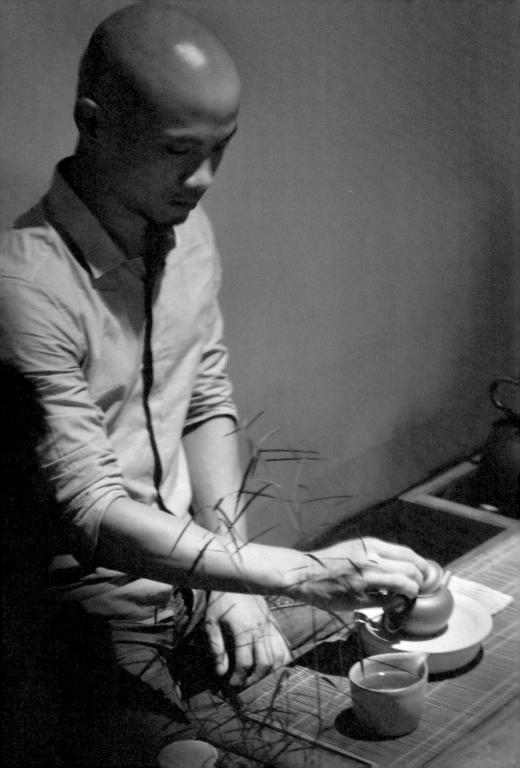

茶，皆因人而起，都和心有关。时刻擦拭你的心，不让欲望蒙蔽。不忘初心。随升降梯而下，他的身影不再。

附记

我不爱茶。撰稿人之中，我是最不懂茶、和茶相处得最少的一个。我爱的是事茶人。若让我说，将互生幸福的愿心灌注在茶里的植茶、制茶、贩茶、烹茶、品茶人，都是我衷心喜爱且钦慕的事茶人。谨将这些文字献给引我亲近茶的黄茗诗小姐，领我认识茶的李曙韵老师，教我不忘初心的黄永松老师，诚挚相待的古武南伉俪，以及因为亲近茶而有幸认识的诸位长辈与事茶人。繁不及备载，请见谅。我们因此相遇。没有你们，就没有这些文字。衷心感谢。

第六席

茶汤的滋味

文 / 李如华

心中的女儿是什么模样?
就是这杯茶汤的滋味呢

一

单身时，某一天的日记写着：

这一夜，突然有好多的心事，想要对茶说⋯⋯

二

结婚前，一直爱护我的一位长辈也兼当我们的媒人，以"黑社会女老大"的口吻对先生说：

"好好待她，不然我找人到你家泡茶！"

三

记得父亲曾笑着说："孩子大了，大家各忙各的，只有在出远门、同坐一车时，才有机会把大家'关'在一起，好好地聊天。"

父亲靠"车"维系亲情，婚后，我和先生则是靠茶把两人"绑"在一起；也就是在我泡茶时，两人才真正地、好好地聚拢过来，坐在一起聊聊。

而白天在家的我若泡了茶，先生晚归没能见到面，也总会在桌上看到一盏我为他留的茶。

四

孕时，为了第二日的油桐花茶席，先在家来了一场预演：气候、时间、心情、音乐……样样得宜。

茶汤一饮而入，非仅在喉头回甘，而是直贯入心中的甜。

猛然想起之前朋友曾问我：心中的女儿是什么模样？

我现在可以回答——就是这杯茶汤的滋味呢！

感谢茶，一路走来，对我的守护……

第七席

一只茶盏的千年孤寂

文 / 郭国文

凡事祸福相倚，
往往缺点就是优点，
事情有一体两面，
就看我们从哪个角度看待事物了

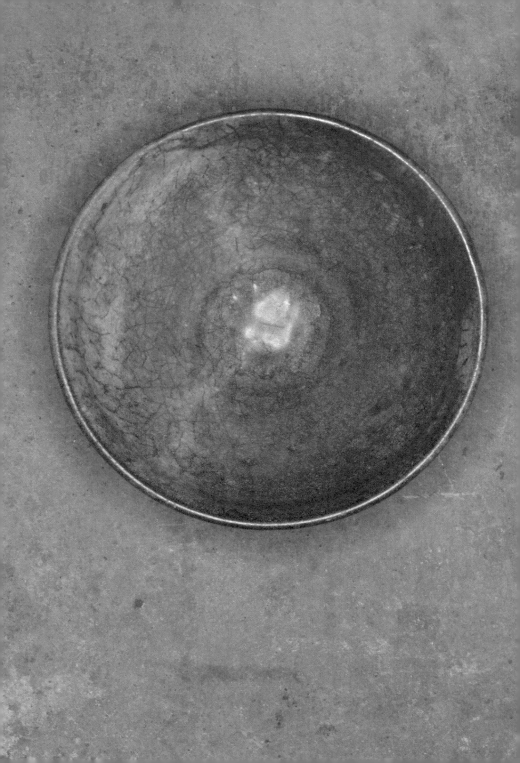

　　这是一件宋代建阳窑的茶盏。此盏圈足修坯率性而手感十足，虽不规整，但很有匠师胸有成竹、一气呵成的利落感。胎土含铁量高，就手沉甸甸的，颇有分量感。很有老陶的生命力与亲和力。此盏整体造型线条流畅，挺拔而轩昂，气质雄浑而略带沧桑感，像是一位饱经风霜历练的云游高僧，虽年华老去，但仍神采奕奕，而智慧更加圆融透彻。

　　以古董陶瓷的视角看来，此茶盏明显烧结不足，致有部分灰白的风化现象。釉面几乎布满叶脉状缩釉，釉色褐灰而干瘪，根本是窑烧时烧坏的瑕疵品。但是这茶盏并不只是老窑陶瓷或古董文物，茶盏更是唐宋茶具的主角，是唐宋茶文化的载体，是当时茶人最贴身亲近的茶具，对其鉴赏自然有别于同时期其他古陶瓷的古董鉴赏角度，所以这茶盏本质上是"茶盏"，附带价值才是"古董文物"。常见唐宋时期诸文豪学士与爱茶人所歌咏赞叹的"兔毫盏"与"鹧鸪斑"等，为古董藏家与博物馆重视，珍若拱璧。品相完美无缺的老窑茶盏，只要愿意付出代价，往往可在文物市场上获得，但是具有"茶气""禅味"或是"以丑为美"或是"不完美得恰如其分"的老窑茶盏，则非常少见，为深具慧眼者所钟爱。所以这茶盏就超越了"古董文物"的范畴，而是更具艺术性，甚至哲学性的"茶具"了。像是苏东坡《水调歌头》中："人有悲欢离合，月有阴晴圆缺。此事古难全"；以及老子《道德经》中："天之道，损有余而补不足，是故虚胜实，不足胜有余"；或是："为学日益，为道日损，损之又损"，以至于无为。以上先哲所言，似乎是对此茶盏的不完美做了最好的注解。所以个人常常觉得——凡事祸福相倚，往往缺点就是优点，事情有一体两面，就看我们从哪个角度看待事物了。

老窑产品如果烧坏了，通常直接丢弃。且经过近千年时间的灰飞烟灭，窑址发现的瑕疵品，通常非破即裂或与匣钵严重黏连。纵使偶有完整器，经过多年风化土蚀，都不堪做茶盏使用，一般只剩玩赏比对及学术研究价值。或是有小伤小磕者，常被以化学胶剂等不当方式修补；或因釉相不佳，被以非食用级油蜡涂抹，以求品相完美，迎合古董文物市场的喜爱。除此以外，可堪泡茶使用者，实属少数，而其中具有"茶气""禅味"，而入"茶具"品位者，更属凤毛麟角了。此盏历经近千年岁月洗礼，幸运地无磕无裂，只因沉睡地底多时，釉面土蚀风化严重。原本叶脉状缩釉处的纹理，看起来很像将腐未腐的落叶。偶以此盏撮茶泡饮，看茶叶在烟气弥漫的茶盏中舒展，每每有不同的感受体会：白叶种的安吉白茶似含苞初放的芽尖，纤毫闪闪动人；吓煞人香的碧螺春像初展的嫩叶，伸展开怀；蜜香橙黄的东方美人，最是五色斑斓；毫香清逸的北埔六月白，总令人心旷神怡；而白茶系的寿眉好比饱经风霜的秋叶。

　　每次泡饮不同的茶，都有不同的感受与联想。古物今用，自然会因时空背景不同而另具新意，也才有使用者的逸趣巧思与个人独特的体悟见解。

此茶盏历经近千年的土沁风化，部分釉面仍有釉光，经过泡养使用后，釉相由原本干涩枯藁，因茶汤滋润与上手摩挲把玩，而越显光泽莹润，这就是茶盏迷人之处。而建阳窑系的茶盏，因胎土含铁量多，叩之多声音暗哑，且为了煅热难冷而多胎釉厚重，外形古拙而较似陶器，但建盏烧结温度竟达一千两百多度，已达瓷化效果。物理性质似瓷而非瓷，且其使用玩赏均较类似陶器，就像紫砂茶器一样，经过长时间泡茶使用，因茶汤滋养与擦拭使用，慢慢会有皮壳包浆产生，而变得宝光内含而益显润泽光亮，好像埋藏近千年的茶盏又有了新生命。而此新生命是爱茶人珍爱它、使用它所重新赋予创造的。而茶器的包浆状况，则反映了茶人的饮茶偏爱与习惯：茶人与茶盏日久相濡以沫，常饮高山茶则包浆油亮金黄；爱喝铁观音陈年乌龙者则包浆红褐赤赭；嗜饮远年普洱者则包浆深沉紫黑。

除了茶类偏爱，若再加上茶人选择茶器的眼光与品位，则常是见器物如见主人，茶人与茶具几乎是合而一体的。

茶人选用茶具的品位与偏爱，很像是收音机与收听广播频道的关系，我们的审美频率必须与茶器的频率相应了才会有共鸣。所以——蕙质兰心的人，常喜欢细致幽雅的茶具；个性开朗不拘小节的人，则爱极简况味的茶器；文质彬彬的人，多赏爱文气的茶具；以生活为道场而道心深笃的人，则独沽"道气"蕴含的"道器"。

　　茶人各有所好，而茶具各有所归。茶人们寻寻觅觅搜寻心爱的茶具，而茶具也静静地等待频率相近且欣赏它的茶主人，由此共谱出生动感人的茶之乐章。

　　而这只近千年前出窑烧坏的建阳茶盏，也许曾经身在灯火阑珊处，而今落尽凡尘，脱落自然，它是与我审美频率相近的茶具，是我心爱的茶盏；不论它落寞也好，孤寂也罢，它就是我，我就是它。

第八席

茶与人的缘分

文 / 廖素金

茶的有趣与人格、层次无关，
但能喝出其中的茶汤趣味者，
却与其心胸风度相连；
淡茶一杯的清朗，
自古至今实无须理论支撑，
只要融入真诚，
就是一杯好茶

　　与茶接触的起始，来自于"竹外一室香"茶会。

　　那时与同为设计师的先生参加位于台泥大楼的茶会，两人步入会场，同时被那样雅致的空间所震撼！自诩对于美学嗅觉敏锐的我们，从来没有任何一场活动能够让我们如此心动。

　　穿越一条长长的竹林回廊，透过那样的空间音乐流动，再低头弯身进入，那般人、茶与境的交融之美，顿时有种想要理解千年以来茶时空变换奥秘的冲动。

　　在习茶过程中，我是个先甘后苦的茶人。

　　从凉风习习的竹荫下享受一杯懵懂的茶，完全想象不到茶会背后的辛苦，就一头栽入，于是仿佛掉进茶的一口古井，怎么也脱不了身。从喝茶人变成事茶人，这时才明白：望着客人手中的那一杯茶有多么羡慕！

　　这是种截然不同的幸福。

　　进入茶书院，才发现设计师好多！相信若从一开始就知道有这么多同业，会是个极好的令人退却的理由。但在这里，奇特的是，这么多同业却被美学吸引，在此结下难得的缘分。

我常开玩笑说自己心甘情愿地留级一百年。

这里的茶跟小时候父亲的茶截然不同，一开始的时候我不懂：这么简单的事为什么要弄得这么复杂？左右手换来换去，要听水声，要观叶形……麻烦到要强记练习！

但随着习茶的深入，先生因着我的学习而创作出属于当代的茶器设计。

儿子则因为妈妈的爱茶，即便到了高中年纪还是很习惯与我们来上一壶围成圈圈的茶，于是耳濡目染下，竟在繁重的课业之余主动要求成了操古琴的大孩子，这样的明白是慢慢渗透到生活中的，有一天才恍然大悟。

茶丰富了我们的生命，每一个人从中获得的感受都不相同。

茶的有趣与人格、层次无关，但能喝出其中的茶汤趣味者，却与其心胸风度相连；淡茶一杯的清朗，自古至今无须理论支撑，只要融入真诚，就是一杯好茶。

习茶中，茶书院里的关系从师生的尊敬渐渐演变成亲情的维系，像家人永远有着一份感情，也像树枝相伴相生形成牵绊。作为班长的我的任务，就是照顾这个像家庭般的班级。我们班很特别，同学间彼此在学习路上互相扶持，其实是说不出的支持打气，同学之间的聚散，许多当时的用力维系，时过境迁，或许该

让缘分自由生灭。茶，教我懂了这一点。

透过茶的缘分，让我对美学的体会已经超越视觉，从生活中茁壮滋长。设计人也许能造物，却无法造境。老师带领我们看待老器物的美，深入每个美学背后的演变与哲理，要求我们的茶席都该有自己的风格与见地。

身为设计师，所有的创作应该回到人文与生活，加入一些实验性的创造，没有任何东西应该被定义局限；许多时候，茶席的创作会依循老师的模式思考、衍生……就像初生的孩童在起步的一开始，老师会拉着你的手实际走过、累积，终有一天内化为自然而然的习惯后，厚度就会幻化出成熟的变化式。

同学宜家总说我很热情地要保护大家，让同学不受伤，正因

为同学就像家人一样，总想着要为其他人多一点承担，老是尽量往自己身上揽；其实我该感谢的是大家的默契，只要皱眉就能有下一步动作的革命情感，现在已难复得。

曙韵老师也说，阿金有天把使命放掉，就能从茶里面，从生活里面，借由茶找到真正的自己。

我承认。

自己的温暖其实隐藏在茶席设计的当代风格上，茶的滋味让人喜欢，我就是爱上它的变幻。

我是一个喜欢变化的设计师，却也是一个最不愿同学分离的班长。

第九席

茶即道场，心是修行

文 / 林筱如

爱茶变成我的宿命，
不自觉把茶席变成犹如佛龛般的庄严圣地，
神圣不可轻亵，
所以坚持不让人随意置放物品于茶席上，
执着程度常让人不敢恭维

有一天上茶道课时，老师突然要我在学弟学妹面前分享：何时与茶结下这份不解之缘，又为何可以无食却不能无茶。

有那么一会儿，我忘了。

在几年前进入茶书院那一刻，我还是一个每天一定需要咖啡才能开启一日生活步调的人，连怀孕时期也不例外，维持这个习惯近二十年，竟在这时成了一滴"咖啡"不沾的人。会戒了咖啡，只因我觉得咖啡与茶，在香气上是冲突的，正如柑橘与蒜……

刚习茶时在家泡茶，本来是在厨房热水瓶正前方约莫二十厘米见方的一块小地方，一年后拉到书桌上拥有半边天，再一年后登堂入室至客厅正中央全家群聚的情感交流处。

现在，在任一新的空间，一定会规划一个专门的茶空间。

相同地，在心里，"茶"也悄悄有了变化……

茶已不只是茶，而成了心中的信仰。

习茶原本是无心插柳，进入茶书院本是满心无奈……

但在某一日惯常的习茶过程中，同学们轮流上场进行茶仪式练习，而当我专注手中动作且心无杂念，专心致志于壶中茶汤时，忽然觉得，手的动作犹如静默说法般庄严地打着手印，茶烟在壶上萦萦袅袅。

当下心也变得宁静、欢喜，似乎达到某种程度的无我境地，从此行茶成了让我心灵安定的法门。

每日起床第一件事便是烧水泡茶，开启一日的计划。当我外出回来，也一定先到茶席前来上一壶，洗涤身心的疲累与奔波。若不出门也是坐在茶席前，写写、想想，总觉得思绪更清楚。出远门时，行囊中最重要的，当然还是一组简易茶具与习惯口味的茶，因它们得一路伴随我，净化、抚慰旅程中所有的情绪。

爱茶变成我的宿命，不自觉把茶席变成犹如佛龛般的庄严圣地，神圣不可轻亵，所以我坚持不让人随意置放物品于茶席上，执着程度常让人不敢恭维。

我也喜欢影响别人，在生活中，在心里，留下一个属于"茶"的重要空间。

"推广"渐渐也成了一份希望与责任，相信茶不只是一个饮品。它，绝对可以让人心灵净化。

茶提醒人们应该重视保护赖以生存的这片土壤，更该学习到对万物的感恩与惜福。在生活中若以茶修行，相信能让心灵、人

文美学品质提升，提醒人们以万物之姿对待周遭，更要做到尊重、爱与关怀。

"藏茶"也成为我能尽到的本分，单纯相信，若保留住令人感动的茶作品，让过去不只是历史，让未来也能一尝当初的馨香与感动。在发人深省之余，注意大地的变迁，茶舍身说法也将更具意义了。

常常觉得茶书院像一个道场，同学们则是一群爱茶懂茶的皈依者，在曙韵老师这位依茶修行的茶僧引导下，依循着大自然的产物——茶，慢慢地改变着……修行着……持续着……

第十席

整个世界只剩茶与我

文 / 程婉仪

人生，
不该过得如此规律无味，
我要从自身提炼出所有神赐下的恩典，
要有意义及有意识地过这一生，
成为有影响力却不张扬的人

五年前，若你告诉我，我会和茶发生关系，还是密不可分的那种；我会回答：你想太多了（再送你一个大大甜甜的微笑）。

我喜欢白开水！茶、咖啡和奶茶是偶尔的调剂品。工作上，我负责珠宝手表的部分，心里想的是时尚、影视、美食和新创意。家是纽约简约Loft风，摆满了拼图。在别人的眼中，我是个思想洋化的外国人，很少人知道我的中文名字，都叫我Sarah或莎拉。唯一可与中华文化扯上边的，就只剩我爱金庸啰！

现在的我，书桌上摆着文房四宝和雕刻工具——那是我的消遣和兴趣。

琴桌上的古琴是我未来人生想更用功精进并抒发情感的宝贝。

若人生有幸，便成了一位瓷器茶具医生，也说不定。

家中厨房的时尚中岛，被连根拔起换成老桧木桌，周围一圈专放茶具的老玻璃橱柜，自此，家中有茶室了！

一切起源都是茶，或者应该说，一切都是因为我的宝贝茶道老师，一个大家都钦佩的生活实践者。

家变了，因为茶！

在"轻熟女"的年纪交了一堆一辈子的好朋友。（这是奇迹！）

唤醒了我心中的情愫及对历史文化的热情，还是起源于茶！

认识了我意识中只会出现在小说里的各路江湖英雄、才人豪杰；人，居然可以承载这么多的学问与才情，我深深地被每个人吸引，我也想成为他们那样的人……

人生，不该过得如此规律无味，我要从自身提炼出所有神赐下的恩典，要有意义及有意识地过这一生，成为有影响力却不张扬的人。

喜欢茶，原来是因为那气质独特又有深度的生活美学，现在却延伸到了更全面的生活态度和人生规划中。

看到这儿，不知大家是否明白我的感受？会不会觉得不过是一杯喝的饮料嘛——哪里能牵扯出这些个东西？告诉你，就能！只要遇上对的领头羊，对的牧人，对的同学！再加上自己的意愿，生命就可以更透彻！我还要继续前进！

和大家分享一个茶常识：还记得学茶初期，有一次拿了在英国买的舍不得喝的一罐茶，到要喝时突然发现已过期了，当场就想找个地洞钻进去！满心想着怎么这么粗心，居然没留意，万一害大家肚子不舒服怎么办？后来才知道茶、酒还真是不分家，只要原料不错，储存得宜，都是越陈越香啊！完全没有年限的问题。至于后来喝到优质老茶的梦幻体验，就请各自心领神会，不在此分享了。嘿嘿！

茶的世界，或由茶进入别的领域，都有太多需要谦卑学习的地方，我会继续努力，希望大家也能在工作之余，给自己来点不一样的火花！

附记

自从习茶日志被我写成人生志向后，又默默地再回想我学茶的过程。

　　我们班，以前曾被老师戏称为吃喝玩乐班；对茶这事儿，不太用心也无法太过勉强；很宽容地，我们多了很多时间去消化"我们是在学茶，而非只是来开同乐会"这个主题。

　　学茶，我最大的障碍就是——我安静不下来……只要有人跟我在同一个场合空间，我就觉得一定要有人讲话，不能冷场，否则会无比地尴尬。那泡茶时应有的专注、安静和体贴，该怎么办

呢？"装"，装气质，装安静，忍着不说话；但心里是又偷笑又
紧张，就更不用说动作是多么僵硬啰！内心戏只能用"勉强"二
字来形容！

　　雪上加霜的是，老师宣布七八个月后要办对外的大型茶会
了！无论是茶席、行茶，还是茶汤，都要有一定的水平！我可慌
了！硬着头皮想办法吧！我开始观察每位同学和学长学姐行茶，

去感受他们泡茶时不同的氛围……有专业的，有美丽的，有行云流水、一气呵成的，当然也有比我还逊的……最终，有一位同学的感觉最对我的胃口，她泡茶时会让茶客有无比自在的感受，一整个人觉得舒服——我希望我也可以做到，不过对于我这个没自信又会发抖的紧张大师来说，简直是一项超级不可能的任务！我喜欢别人肯定我，却又不喜欢别人关注我、看着我……但行茶时，茶客的十几只眼睛就是会盯着茶人的一举一动啊。最后实在心里没辙又打鼓，只能问老师解决之道为何？……终于明白了我的盲点和问题所在——那就是我眼里心里都没茶，我忙着注意人，注意外在环境……

我在泡茶，却忘了"茶"本身……

老师一对一地教我，她要我想象：假如我是那一叶叶、一颗颗的茶，在泡茶的过程中，会有什么变化？从被赏，被置茶，被浇上那近一百度的水，那会让我这片"茶叶"的生命完全绽放的开水，茶叶释放伸展的一丝丝动作，都让我拟人化了……大家不妨也试试！我因为开始关注茶本身，神奇地，别的人在那当下……好像消失了，整个世界只剩茶和我。

当然，这是过渡期吧！泡茶时也不能都不关心茶客呀！就像钟摆，整个习茶过程，一直到如今，都在过与不及之间摆荡，以期找到当时当下的中庸之道；到现在我都还在实验学习呢！与大家共勉。

第十一席

那些人，那些茶，那个我

文 / 蒋蕙兰

茶汤入口，
无须言语，
即心领神会，
这是难得愉悦的经验

　　当年白衣黑裙的我翻出学校的围墙，百无聊赖地晃去电影院，却因此与"影像"结下不解之缘。当时看的电影名字叫作《胭脂扣》，如果我没记错的话。

　　当年在永康街巷弄里散步，不知谁家的老房子门半掩半闭，一时好奇，推门而入，一位仿佛民初时期的清丽女子，不笑不语地走出来，递给我随手指的陆羽《茶经》。

　　两年过去，夜里又散步经过，门依然半掩，却仿佛热闹有人。再推门，又见那女子，略显不悦地指点我往公园另一头的别茶院——"人儋如菊"，我不可能记错。

　　不得其门而入，想来也是一种缘分。后来，一向不善与人结交的我，又在食养山房遇到彩排中的曙韵老师，喝到一杯凤单，更是结下长久友谊。

　　年纪不小，记忆变得依稀模糊。有时需倚仗某些深刻的感触，才记得下来。好像秋天开始习茶，过年开茶会，老房子红通通的，而我双颊因初次事茶紧张而烧热，那股热现在还感觉得到。小汕头浸着肉桂，着实绝配，茶客在一旁啜茶不语。

练茶练茶，大伙挤在老房子桌上摆茶席，期待着谷雨茶会。对面是佳琳，和我叠在一起摆的是怡殷，而我只记得她的可爱鸽嘴壶。

我用父亲的小银碗泡茶，老师借我日本女陶艺家的匙。不料失手打翻，慢动作般——在我眼下坠落，然后我听见破碎声。匆忙打包茶道具，赶去讨论脚本，只因客户在等我，这是不足以被原谅的脱辞。于是，对于人事物的细腻对待，因匙的破碎声而深刻在心底。

慢慢慢慢感受着四季变化，有时是老师和室后的盛荷，有时是一整株势奇的寒梅、台北街头的寥寥点缀的枫、巷弄里探身出来的木棉，影响着想喝的茶及想使用的茶具，离开剪接室，心想着等一下喝什么好。有时不经心地将包种投至茶碗，也喝得心旷神怡。

从不能理解的茶水分离慢慢理，好像才理出一点点头绪。又会因为一时过于在意，而坏了一壶好茶。茶汤活生生地告诉我过犹不及的道理，不一味追求特定茶，而是因与茶学习而一而再再而三地渴望对应。

"饮隐影茶会"事茶时，碰到茶客好友，亦是高手，茶食休

息时，七上八下地备茶。

一九八六年，名间松柏长青茶，既非陈阿翘也非康青云。待灯缓灭，茶客入席，当下我一念只在与茶相处时。

四下微明，注水几乎看不见壶口，事茶一念与无念之间。茶汤入口，无须言语，心领神会，是难得愉悦的经验。

习茶习茶，向茶学习，茶似乎反应在茶汤上，教我不要太在意，不要太求完美，万物皆有时。我又想起那翻墙一跃而出的我，为着动人影像感动的我；我想起可以不吃不喝不睡、专心一意为拍一场可以OK的戏；我想起，为了想不起的原因搁置的剧本；我想起，这些年来来往往习茶的友人的手、壶、茶汤、笑容。

它们丰厚了我的生命，以及所有记忆中的茶。

第十二席

一路跟随，一路习茶

文 / 黄珍梅

感谢你给予的跟随，
让我对茶重新定义，
找到最适合自己的茶，
也找到真正的自己

　　小时候的我是不喝茶的，一直以来对茶没有太多的感觉，是因为先生才开始喝茶。

　　以前不喝茶最主要的原因是小时候喝过的茶都是苦涩的，所以对茶一直没有好感。小时候家里比较穷，当然也就没有茶可以喝，隔壁的伯父家比我们家富裕，吃喝玩乐的事物也很丰富，加上有堂哥堂姐的照顾，伯父家是我最喜欢去的地方，记忆中伯父家的餐桌上每天都放着两个锡制的大茶壶，一个用来装开水，另一个则用来泡茶叶。记得小时候我常常在堂姐家过夜，有时候半夜口渴爬起来喝开水，在黑暗迷糊中选错茶壶，倒了一杯前一日早晨浸泡到深夜的隔夜茶，我不加思索地将茶一口饮尽，差点吐了一

地，茶怎么这么难喝，自此对茶更没好感。

随着年龄慢慢增长，开始与外界有了接触。记得谈恋爱的时候，跟随先生到当时最流行的民歌西餐厅，是先生帮我点了一杯蜂蜜红茶，才又重新开始接受茶，自此之后，蜂蜜红茶是我唯一的选择，之后才慢慢地接触了高山茶和包种茶，还有当时最红的金萱，然而，这些高山茶、包种茶对我来说并没有产生更多的感动。

结婚后开始跟随着先生喝膨风茶，当时的膨风茶浓浓的蜜香，让我想起当年在民歌西餐厅喝过的蜂蜜红茶，蜂蜜红茶在我心中的地位自此完全被白毫乌龙茶取代了，膨风茶成了我的唯一与最爱。

开店之后，机缘巧合之下，先生进了茶书院上课，每个礼拜五，看着先生高高兴兴地出门，回到家总是快乐地与我分享在茶书院所发生的事情，每个礼拜五从不间断，持续了一阵子之后，我心中燃起了疑问：茶书院有什么魔力？有这么好玩吗？好奇心驱使我想跟着去看看，于是跟随先生的脚步进了茶书院，进去之后发现自己也出不来了，从此之后就跟得更紧啰。说到茶书院的魔力，要进了门待得久的人才尝得到个中滋味。这些年，从茶书院、别茶院到晚香室，一路跟随着老师与同学们的学习，一路不断与更好的自己相遇，这是我们最终唯一的选择。

感谢你给予的跟随，让我对茶重新定义，找到最适合自己的茶，也找到真正的自己。

第十三席

好好拥抱，珍惜现在

文 / 林千弘

人生香甜的果实，

印证了吃得了苦的精神，

原来喝茶还有这一味"苦"。

茶中之苦能够化得开，

人生也当如此

关于茶，认真想起来，还真是自然而然地就在生活中占据了一角。儿时记忆里，好像每天都看到长辈们在喝茶，大家围着老大理石茶几，你一言、我一语地泡茶聊天，好不精彩，好像每个人都有说不完的故事。到现在我家每天还是重复上演这出戏码，只是主角换了几个，唯有茶这个角色还没更换。茶，也可说是我家的"精神食粮"，好不好喝没那么重要，只有坐在茶桌边，才有一家人谈话的契机，好似打开茶罐子，就可以打开话匣子，好有趣呀！

天天喝茶

既然天天喝茶，想必就不是什么好茶。儿时记忆里好像对于茶滋味没什么特别感受，只是有点苦有点涩，有时觉得比水还难喝。长辈常说，谁买的茶又便宜又好喝，我怎么觉得只有喝到便宜，没有喝到好喝呢？直到有一天，不知是哪位叔伯送了一罐比

赛茶之类的，还真是开了眼界。在大家的好奇心驱使下，像打开珠宝盒般的，小心翼翼地拿出茶叶，咦？怎么这样小一包？喔！因为太贵了，只有小小一包，大家品尝看吧！叔伯不好意思地说。就在那一次我才真正地喝到好喝的茶，虽不知是什么茶，但记得茶汤清甜细腻，茶香优雅芬芳，两颊生津不止，喉韵久久不散；即使当时还是小孩子，对于好喝的茶滋味，仍然记忆犹新。然而那一小包茶放了好久也没再拿出来泡，大概没什么贵宾来，所以"贵"茶也就省着点用。既然要天天喝茶，喝那种又好喝又便宜的就好了，爸爸说。

茶余饭后

每天饭后，忙碌的大人们终于能坐下来喝个茶、谈谈天，而小孩子，在这个时候也才能参与大人的世界，从他们身上学点什么。有时候玩到太晚，总不免挨一顿骂，不是被叫去写功课或是去睡觉，就是在最精彩的时候被撵走了！大人们常常要我们有"耳"无"嘴"，只能听、别插嘴，当我们只剩"耳朵"时，又要我们走，实在是很坏！然而这样一来，饭后茶余就变成大人的聚会了吗？当然不会！每天还是照样演出小孩子心不甘情不愿地去睡觉的戏码，而客厅的茶几旁，照样热闹非凡。

偶有例外。有些长辈们聚在一起，就爱比谁小时候最穷苦，又是面粉袋衣裤，又是晒干地瓜吃，又是拌盐吃，又是配萝卜干，而白饭只是梦幻等等，一番诉苦后，最苦的那个就赢了。"天将降大任于斯人也……"每个长辈好像都要套这个理论来说明小时候多能吃苦，长大后就能禁得住风吹雨打。当传达完一大串的人生经验后，就会补充一句："你们现在最幸福了，快去睡觉！"小孩子任何发表意见的机会也没有，真无趣！

茶中之苦

每次长辈们吃完苦瓜汤，喝完苦茶，说完人生的苦，总免不了沾沾自喜：总算熬过来了，再苦的日子也难不倒我。我想和长辈再分享另一苦。在茶桌旁，常常听到说茶水的甜，茶的香，殊不知"茶中之苦才是茶中至味"，老师说过，"苦水不去香不来，苦味是秀气的骨架……"。人生香甜的果实，印证了吃得了苦的精神，原来喝茶还有这一味"苦"。茶中之苦能够化得开，人生也当如此。

茶艺馆

个人偏见，不喜欢"茶艺馆"这几个字。大学时，居然听说好多同学会去泡茶艺馆之类的场所，让我有点吃惊！"茶艺馆"不是老人、闲人去嗑瓜子聊天的场所吗？当然这是二十多年前的偏见，我还被笑土包子哩，没去猫空、阳明山喝茶赏夜景，真是没情调！我想也是，泡茶毕竟比泡咖啡时间久，喝茶又多是在山上，茶喝多了，睡不着，还更有借口晚一点回去，啊！我还真是笨呢！偏见！

当然，这几年除咖啡馆兴盛之外，满坑满谷的茶馆也不在少数，从以前的茶艺馆，到泡沫红茶、五十岚、小歇、春水堂、集客、王德传、紫藤芦……不同类型的茶馆，吸引着不同人群前来喝茶。所以如果用偏见来看茶，还真不懂得欣赏茶的风貌。

矛盾

对于茶的一知半解，产生了矛盾这种情愫。

喜欢喝茶是事实，但不喜欢茶艺馆那种闹哄哄的氛围也是事实，好似俗不可耐又莫测高深，又爱又恨，若即若离，矛盾于是产生。到底是认清了真相，因为不够用功，又没有打破砂锅问到底的精神，只在门口徘徊，是不会看到门外的精彩世界的。当我没有了借口，来告诉自己不认识茶，就有人来为我打开一扇窗，看到了茶的精彩。

开了眼界

就好像刘姥姥进了大观园一般。多年好友阿金因缘际会，也促使我接触习茶之路。跟了老师，开了眼界，一切大不同，以往

所认识的粗浅皮毛，还真是偏颇，带着偏见的眼睛所见处，无一不是。所幸打开心窗，才有机会开始认识茶，发现这个世界的无限可能，除了茶之外，更多生活中的器物、人和事，让茶真的"不只是茶"。

习茶　茶席

每个人都有自己的茶席，就看你怎么摆放。

跟曙韵老师习茶，看她从容不迫信手拈来的，无一不是日积月累的智慧与巧思，若没下过苦功，如何能运用自如。而身为室内设计师的我，刚接触到茶，总想着尝试各种可能性，用不同的方式去看待茶席，用素材或布置来表现或强调与众不同，结果往往会沦为表面功夫，而失去了深入的练习，老师时常耳提面命，苦口婆心，要我们这些设计师静一静，想一想，别老是忙着改茶席，好好习茶更重要。没办法，设计师的这些毛病不好改，时常蠢蠢欲动，幸赖老师多年来的包容，才让我们继续在这条路上学习，好好喝一杯茶的简单心境。见山是山、见水是水的道理，毕竟还是要时间来转化吧。

没完没了

从习茶之后，这样的心情与事件就接二连三。

器物永远觉得少一件，茶永远买不完，茶课之外，活动也不少，茶食又不知道要准备什么？……生活之中，多了许多声音，要说人生顿时丰富了起来也不为过，茶书院不时有演讲、茶会、茶器的展览、茶山茶农的走访……好像生活中的许多时刻，都是跟茶密切结合、密不可分的。渐渐地有时候又疏远了起来，因着工作忙、生活忙等借口来拉远这种关系，可是一旦有个活动又把许久不见的茶书院同学聚在一起。这种关系很有趣，或许又可说缘分很深，想切断也没那么容易，不如好好拥抱，珍惜现在。

感谢古大哥邀稿，让我有机会回想一下与茶的关系进展得如何，很确定的是要"没完没了"地下去了。

第十四席

茶人心物

文 / 温萍英

只有不断练习以身心和茶具互动，
对一个个动作有了感觉，
了解何谓韵律、大小、优雅，
方有个人格局

成为茶书院的一员，说来有些"偶然"。当初只是想跟着学茶的老公一起到茶书院喝喝好茶，当个跟班的就好，同学们似乎也乐意接纳我。一直到"灯夕茶会"结束后，抽签分组前，曙韵老师一句"萍英和老公分开，不要在同一组"，才惊觉自己已成为"四下班"成员。

贸然进入"进阶班"，实在有些尴尬。我虽一向喜茶，但很少自己泡茶，老公当初也是插班生，基本功也没学。茶书院风格明朗，却也自成风格，难以从坊间书籍入门。几次茶课上场事茶，依样画葫芦，虽勉强过关，但总觉没能真正进入茶的世界。

摆茶席

分组后，"四下班"的进度是茶席设计，各组筹划当周茶课主题，并配之以适当的茶席，每次上课等同办个小茶会。班上几位设计师同学操作自如，以荷花象征夏季，水容器里飘落的花瓣象征着时间的飞逝，或以装潢结余木块摆积木茶席，不论效果如何，痕迹终是鲜明、有趣，设计感丰富。老师也说，"四下班"同学很愿意花心思于茶席设计上，还要别班来观摩。

　　只是，轮到我这种一向不甚强调品位的性格的人来玩茶席设计可就惨了。季节、节庆这种最简单的主题，班上同学早就试过了，苦思良久，实在难有新意，心想赖皮好了，当周就是"泡茶"。还好同学临时建议，摆个班上尚未试过的八卦阵（就是茶

人背对背坐，前面各摆一组茶席），空间格局有个变化，如此好似交代了主题。

自己的茶席则仍只有独自思量。在家里找到两样喜欢的东西，一块老桧木和老公去云南出差时从丽江买回来的纳西族红色茶盘，心想既然坐地席，木板铺地，上面加个云南少数民族的扇形红色茶盘，茶壶、杯子、水方摆一摆，茶席"设计"即告完成。

老实说，我还蛮喜欢这个拼凑。桧木板来自公公诊所二楼厨房里的旧菜橱，六〇年代流行现代感，兼隔间用的固定式桧木菜橱外头竟然贴着亮光板，二十几年前搬家时拆下，上面还留着多年累积的油垢。有一天喜欢木头的老公取出，洗净后随意打磨，反倒颇有岁月斑驳的痕迹。茶盘也是老件，用一块木头雕成，不知纳西族人是否拿来盛茶杯，反正到我手上，就叫茶盘了。当年拿回来时不甚起眼，洗净后，和老桧木板配在一起倒是蛮搭的。按照老师教导的公式，分区块，加上小花草盆栽，心中着实窃喜。

到课上，按家中规划摆好，按例找同学们帮忙提意见。嘿，竟有人来挑衅，说这茶席只是几样物件堆砌而成，没有现代感。虽说的确如此，但总不服气。

老师来了没说什么，开始事茶。

点心过后，同学们仍在聊天，老师兀自坐到茶席前，开始调整起来。只见她思量片刻，心中似乎有了主意，将原本在前的茶盘拉下，依着扇形调整方向，再将"多余"的茶具归纳一下，整

个茶席就此焕然一新。接着要我坐下，试试身体和茶席能否相容，如此，原本凌乱、结合众家意见的茶席，有了新的面貌与生命。

同学们围过来看，我抬头，以略带挑衅的口吻说：怎样，有现代感了吧！

上课时，我常常观察老师如何调整同学们的茶席，总见老师有定见后动作飞快，虽也会尝试不同摆放方式，但终是很快定位。创意好似就于老师信手拈来之间自然展现。此番以自己的茶

席验证，突然有些懂了。老师常说，常练习摆茶席，所以一眼即能够看出需要调整处，此难以言传，只有于摆放、多方赏析之间，让美感自然呈现，功力自然累积。而创意更需要跳脱框架，只在老师说过的几项摆放原则里打转，让茶具交替于同样的区块格局里试着摆，难有新貌。纳西茶盘方位一转，衔接茶碗，也让我了解老师说的，茶会茶席要有点戏剧性，而这戏剧性，竟然就能以我原有的茶具展现。少了这层戏剧性，真有如同学一语道破的，"只是物的堆砌"。

练茶

或是班上插班生渐多，老师突然宣布，想练茶的人可以早点来练茶。对号入座，再次上课，我中午就到教室。

找了桧木桌排好茶席等老师，老师依约而来，先告诉我茶席格局，又让我依事茶顺序练习一次，我开始用水练茶。

同学们陆续到来，摆地席开始上课。老师也没叫我，让我在一旁自己练，练了一下实在无聊，又没茶喝，我就兀自打起坐来。打坐正进入状态，老师终于过来，要我低下身子，感受身体和茶具之间的互动，而不是直愣愣地坐着，然后要我用心体会手、身体、茶壶，放软身心，右手轻握茶壶把，左手将茶壶盖子轻转拿下，又轻转盖上，身心延伸到器物上。如此，又丢下我一人练习，和同学们喝茶去。

　　或因打坐一阵，专注、放松，转着壶盖，竟进入状态。如此反复练习良久，直到点心时间。

　　下半场，老师要同学们到我的茶席喝茶，泡着茶，心中踏实不少。

　　终于了解先前为何总觉得没能进入老师阐释的茶的世界，此种境界难以明说，也难将别人的风格复制到自己身上。原来是以心、而身、而物，只有不断练习以身心和茶具互动，对一个个动作有了感觉，了解何谓韵律、大小、优雅，方有个人格局。如此，行茶其实是在展现人与物之间的关系，而也唯有于重复之间，姿态、风格自然养成。我也逐渐清楚，为何老师常于同学们事茶之际品评茶人的心境，急促的注水声、飘逸的眼神、溅出的水滴、仓促的动作，都告诉旁人，茶人心物之间缺乏契合。所以呀，若事茶是风格的呈现，于我们探索心物契合之际，茶人的性格，也展露无遗。

第十五席

一位茶农的有机路

文 / 谢瑞隆

有些事情，
只有当我们亲身用生命、用时间、
用仅有的资源与独特的坚持，
去实际经验过一番，
才有那实实在在的体悟

　　大约六年前，我家中的一片茶园出现老化的现象，这片四分地的茶园，共种植了两个品种，因为生长期与采收期的不同，这样的茶园在管理上有一定的难度。老茶园在经过近三十年的耕种后，其地力已经衰退。好在这片茶园的土层属于微酸性红土，土壤层相当厚实，经过评估，我们决定将表土挖开与深层土壤交换，提高地力。

　　当大型挖掘机进入地块挖掘后，我们马上发现土壤层的深度比预期的要来得厚，将近两米深的土层，都是黏性红土，于是我们按照计划，将表土的老茶树埋进两米深的区域，然后平均地将深处的土壤挖出，作为日后耕种的土壤。将老茶树埋进原来的茶园，其实是为了让这些木质化的茶树，作为天然的深层基肥，待其日后在土壤深处慢慢腐化之后，能够提供肥力给新种植的茶树，作为一种自然的循环利用。

　　新植茶园有许多重要的工作，但这片茶园，从一开始就多了那么点实验的傻劲，以及我对茶叶的热情幻想。当时我们并没有设定要执行有机茶园的计划，但是很多事就是来得那么自然，在一连串美丽的想象中，我们其实成就了另一种茶园的风貌而不自知，因为那确实不在原先的计划之内。

当时我在与我的一位好友也是老师的闲谈中，谈起了关于有机茶园围篱的做法，因为很多现行的方法与成效，我们都不能直接照搬。

当时我们接触到的大部分有机茶种植者，都必须花大钱去建设茶园围篱，先挖洞架设铁架，灌水泥固定基桩，再用钢索牵引

黑网，作为有机茶园的隔离带用。这需要相当大规模的资金投入，如果要架设茶园四周围篱的话，将会是一笔相当可观的资金支出，而最让茶农心烦的是，黑网的养护成本很高，时间久了就要换掉，而且其对于将邻园的污染隔离开来，成效相当有限，还会为茶园带来一堆水泥桩与铁柱，着实破坏茶园景观。

　　如果是没有资金投入的有机茶农，那么就要利用原先的小叶种茶树，选一到两行的茶树，进行留养，使其自然长高到围篱要求的高度。问题在于，小叶种的茶树长势本来就弱，要长高到围篱所要求的1.5～2米，谈何容易，况且当时的验证单位各家见解

不同，到后来，便出现又要架设围篱黑网，又要留养茶树的局面，这让有心从事有机茶种植的茶农相当难堪。

于是那一晚，我们异想天开：何不利用乔木型的茶树，作为灌木型茶园的绿色围篱呢？

当时鱼池茶改场所发表的台茶十八号——红玉相当有名。于是我们想利用红玉本身是乔木种的性质，进行四周密植，因为长势的差异性，让茶园四周的红玉茶树长高，中间区块的乌龙茶树便可以受到保护，无论是作为有机栽培或者安全常规管理，都可以确保茶园不受外界邻园的影响；而且有机认证通常需要三年，三年后这些围绕四周的红玉茶树，早就长得很高了，茶园被森林包围，到时一定很壮观。

红玉作为绿色围篱使用，当时没有进行相关的试验。台茶十八号红玉的茶树能长多高？养护成本如何？会不会影响主要灌木茶园的生长？这些都是问号。然而新植茶园的工作，牵涉到二三十年的工作与几十万元的资金投入，因此每一项决定，都必须大胆假设，小心求证。于是我马上致电给时任鱼池茶改场分场长的邱垂丰先生，向他请教我这天马行空的想象是否可行。邱博士在听了我的描述与计划之后，觉得可行性很高，便鼓励我大胆尝试，日后再向他汇报成果。于是我向他请教了红玉相关的种植技术后，便着手进行这一奇特的茶园种植计划。

当时异想天开与天马行空的计划，其实并不被许多人看好，

除了我母亲与我的老师好友、邱博士的一小群朋友认可我的想象外，大多数人都用异样的眼光看待我。就连协助种茶的阿婆工人，都碎碎念说：第一次看人家这样种茶，浪费地又浪费茶树！

的确，这样的乔木茶树与灌木茶树复合种植的模式，会浪费部分的土地，因为如红玉等乔木型茶树的长势很强，在茶园四周长大后其树冠面积较大，因此中间灌木茶树区块周边便必须内缩，留出日后行走的管理通道，于是便会缩减有效种植面积。当时我们没有想太多，只想看看究竟行不行得通，便用满满的爱与祝福，希望这片茶园能够成就不一样的面貌。

冬天种植的茶树，很快地度过了成长的春天，来到了炎热的夏天。第一个问题很快在台湾特殊天气现象下出现了——台风来了。当时灌木型的乌龙茶树依然低矮，应该挨得过台风的肆虐，然而，乔木型的红玉茶树，已经接近人腰部的高度了，但树头还不够粗壮，这台风一来，保证会东倒西歪。于是我们赶紧买来竹子与绳线，把红玉茶树逐段固定起来，让树尾随风摇动，但树头不至于受到影响。就在这样悉心的呵护与照顾下，到了满第一年的年底，这红玉茶树所建构包围起来的绿篱，已经慢慢成形了，心中所想象的森林，也越来越有模有样了。

随着时间的流逝，我们发现，一些奇妙的事情渐渐在这片茶园发生。当红玉茶树越来越高大，茶叶也越来越密实，渐渐地已经成了连动物也无法轻易穿越的立体围墙，在茶园中间的感受，也跟在一般开放式的茶园不太一样，中间灌木型乌龙茶树的病虫危害模式，变成封闭式的，跟邻园不太相关，而乌龙茶树的长势也比一般茶园来得强健，更重要的是，土壤的湿度较高，空气也不那么干燥，好像干燥的空气吹进这片茶园后，会被红玉茶树给消化与吸收，于是中间区域形成了一种特殊的微气候。一开始我对这样的现象感到困惑，为何周遭的高大茶树会对中间区域的茶树生长环境产生影响？直到我在一部讨论全球水资源的电影中，看到尼泊尔山区居民的取水方式，才恍然大悟。

在尼泊尔山区，水源一直仰赖融化的雪水，这原本是大自然循环的一部分，然而地球变暖的影响日益增大，来自喜马拉雅山的融化的雪水，一年比一年少，当地居民必须发展出另外一种方式来取水，来自山区的雾气便是另一种天然资源。山区的居民运用当地的天然材料，架起了巨大的网子，当网子被富含水汽与雾气的风吹拂过后，便会在网子上结露凝聚成小水滴，水滴聚集后受地球重力影响，便自然落到架在下方的集水管，集水管与输水管不断连接，从山顶到村落，居民们便不用翻山越岭地去找水源了。这一集水的过程，完全不必使用任何电力，相关维护也非常简便，因此在山区大受欢迎。

看了这样的电影介绍后，我带着好奇心在夜间到茶园去探视一番，果然，在红玉茶树周围，因为树势高大的关系，其结露相当多，茶树下方的土都是湿的，空气中的湿气，很容易就被高大的茶叶给捕捉，不仅给自己提供水分，更使得中间区域的茶树得以留住更多的水汽。后来更发现，因为茶园受到这样的保护，进行人工灌溉后，水汽也较不容易挥发，茶园更容易保湿，便不用太多人工供水灌溉，因此节省了不少水费。

红玉茶树绿篱的故事还在继续，现在的重点已经不是这一片篱笆了，而是中间区域的灌木型乌龙茶树，一开始我们并非想要发展有机茶园，只是想做点创新的田间实验，然而这一单纯的奇想，所带来的茶园环境与生态的改变，却是有目共睹的。于是在第二年的年底，我们决定改变管理方式，改用全有机栽培的方法来种植茶叶，希望能带给当地的其他农民一种不一样的茶园经验。很幸运，我们并没有遭遇太大的生态平衡的冲击与产量的影

响，中间灌木型乌龙茶树，在产量与长势上，很快就达到一种奇妙的平衡，茶树长得很漂亮，茶叶产量也不错，品质完全不像是印象中的有机茶。经过的茶农朋友，每每带着怀疑的眼光与惊讶的语气，问了一遍又一遍相同的话：你这有机茶哪有可能那么漂亮！我只能回答说，你也可以一起来种红茶树呀！然而，这样的交谈，每每都是在疑问与嬉笑声中结束而不了了之。

　　说真的，我不知道种有机茶能赚多少钱。有时候买卖一般茶叶的订单都比有机茶来得容易。我也不清楚我这个微小的茶农能为这片区域带来什么。对茶农来说，我太年轻，对环保人士来说，我也没有那种宏大的愿景。现实生活中，我只是刚好有一块地，而叛逆的我只想做点不同的改变来挑战。奇妙的是，我

当时单纯天真所做出的改变，到头来却也影响了我自己内心的想法。

这些年来，当我一次又一次地发现，在红玉茶树上头，有大大小小的鸟巢，散落在各个区块，而筑巢的位置一律都是面向中央区块的方向，我心里明白，我们已经创造出一个小小的生态世界，因为这样类似森林般的包围，使得生态容易平衡，水分容易涵养在土壤中，即便我的茶园只是小小的半亩地，但我竟也能为这个地球做出小小的生态贡献，而提供这生态贡献之后的阶段受益者，我也有份。这样的循环，让我越想越开心，越开心就越想继续做下去。

在这片小小的茶园中，我们投入了热情与幻想，做些别人不敢去做的梦与尝试，在现实生活与梦想的不断修正里，我找到了我自己的一种平衡，也帮茶园成就了一种平衡，而这生态的平衡其实也影响了我内心的想法。原来有些事情，只有当我们亲身用生命、用时间、用仅有的资源与独特的坚持，去实际经验过一番，才有那实实在在的体悟，那是一种不同于书上文字的浏览与话语言说的阅听所提供的表象理解，这样的体悟是用身体的感受与心灵的意识提升来提供的灵魂经验，这是一种无可取代的美好感受。也大概因为如此，我慢慢意识到有个声音在心中发酵，我开始鼓励其他农民朋友一起往有机茶的方向发展，当我们了解到我们只是暂时拥有这块土地的使用权时，我们就更有责任与义务用爱的方式去照顾这片土地与种植在上面的作物。

　　我不是为了做有机茶，才来做有机农业，我是做了农业之后，才发现原来有机的农业才是我们人类需要的，而刚好我种的是茶而已。

第十六席

习茶的强迫症

文 / 史浩霖

茶味与茶艺都很美，

但对我而言，

习茶的目标跟"生活美学"无关。

"美学"常常被当作"消费"和"购物"的借口，

但是习茶的目标则是一种"制作"

二〇一一年二月我因博士论文的田野研究，从澳大利亚墨尔本搬回中国台湾。论文的主题为"台湾茶文化：以东方美人茶为例"，我因此通过

朋友的帮助，搬去白毫乌龙茶的故乡——北埔。

在北埔，我与老婆蕴芬，还有从澳大利亚跟着我们回台的狗儿子Angus，两人一狗住在一所老房子里，天天过着老聚落的生活。在大城市长大的我，以为乡下生活很安静，甚至担心会太无聊。虽然这七八年间已经去过北埔很多次，但没有想到安静的老聚落里头竟然有那么多好玩的东西。

我们的巷口对面就是"水井茶堂"，当地不少朋友是以种茶、做茶、卖茶为生的，所以我们的"吃喝玩乐"生活也是以茶为中心——喝茶、吃茶食、玩茶，天天享受茶的多元乐趣。茶叶采好时去帮忙做茶（技术不足的我无法帮忙，但至少可当个伙伴），看茶叶比赛，或者泡在茶馆里和朋友们讲茶话，逐渐跟膨风茶培养了一种默契。泡膨风茶时，水温不可以太高。我发现自己真的很适合泡这种茶，因为喜欢讲冷笑话的我，每次开口都可以让水快速地降温。跟北埔的朋友接触膨风茶的同时，我也很幸运地加入"人僧如菊"茶书院学茶。每周赴台北上课，老师、学长学姐们让我更进一步了解台湾茶的茶味有多迷人，台湾茶文化的意义有多深奥。

我们的一整个夏天就是这么度过的。

过了几个月后，有一天在"街角茶博馆"跟古武南大哥喝茶聊天时，我突然发现我的个人习惯变了。我想了一下：吃饭时，会把筷子、碗、杯子摆到比较合适的位置，穿衣服的时候，开始觉得曾经喜欢的衣服太亮眼、不好看。古大哥笑着说："我们都这样子。"

乐极生悲，难道我也得了"习茶强迫症"？

强迫症，英文用"OCD"来表示，这些字母的意义如何？

"O"代表obsession，有"着迷"的意思（就像很多八○年代的好莱坞电影都是以很危险的浪漫obsession为主题）。

"C"代表compulsion，有"强迫""强制"的意思。

"D"代表disorder，有"症"或"乱"或"非正常"的含义。

英文的含义可能比中文的"强迫症"来得强烈，所以我把OCD重新定义为"因着迷而产生的非正常强迫状态"。因此，习茶的强迫症可以说是因茶味着迷的人所表现的不正常强迫行为。

难怪我泡茶时手会发抖！

看我左右，不只是我一个人患了"习茶强迫症"。它一定是可传染的：多半北埔居民都表现出类似症状，茶书院的同学更不用说。更危险的，它也是一种跨种族的疾病：一天，在"水井"泡茶聊天时，门突然被推开了，但是没有人，竟然是我们的Angus爬墙从庭院逃跑，随着茶香到"水井"来玩茶！（它一定是闻着茶香而找到的，只听得懂英文的狗怎么能在客家乡村问路呢？）

除了有人泡茶时手会发抖外，症状还包括：

·时间的感官不准：跟朋友喝茶的时候，发现一整个下午转眼就过去了；要知道刚开始上课时，在紧张状态下泡茶，每一秒几乎等于一个小时！

（进入病态的后阶段时该症状会消失）

·嗅觉的幻想：听说在北埔，有一次，有人只是注水准备泡茶，某个"病人"就高喊："什么茶那么香？！"明显进入嗅觉

幻想状态。还有一次，有人错误地把已被别人喝完的茶杯提到鼻子下吸气说，留下来的口水"很香"。

（进入病态的后阶段时，嗅觉倒是越来越敏锐）

·失眠（在北埔夏天芒种时最严重）：不少做茶的朋友会有该症状，常常会连续几天无法睡觉，听说做茶的量越多，失眠的状况也越严重。

·心情不稳定（初级习茶者最严重）：第一次摆茶席，觉得很美，很傲慢地想："我很有天分！"现在看当时拍的照片会叹气，觉得丑死了："我好丢脸喔！"前一天对自己的能力十分自信，隔天又会完全失去了自信，真是苦中有乐。

（进入病态的后阶段时，心情则变得很平静、稳定）

·失语症：有时喝到很迷人的茶，很难形容，味蕾无法跟头脑沟通，我当时最怕别人问我的意见（人生中最难的中文口试）。也有一种"群式失语症"，有时候曙韵老师向同学问问题，我们都像患了失语症，全部忘记怎么讲话，无法回答，虽然那时房间没有钟，却仿佛能清楚地听见钟的"tick…tick…tick"声。还有另外一个例子，就是病人会记得东西的名字，却弄错用法：比如我最近经过机车零件的店，误会老板卖的是茶具，因为机车零件的大小、形状、色泽都合乎我对茶具的要求。我跟老板买一套，他说会帮我换新的，但我说不用，我就是要那些生锈的破铜烂铁，老板想的没错：我这个人脑子有问题。

我们对习茶强迫症的病原还不太清楚，到目前为止，只能够排除细菌和病毒的影响。我自己认为，可能是茶叶本身的魅力产生的，一种物对人的神秘力量。

茶强迫我们做什么？对我们有什么要求呢？茶味与茶艺都很美，但对我而言，习茶的目标跟"生活美学"无关。"美学"常常被当作"消费"和"购物"的借口，但是习茶的目标则是一种"制作"。习茶也不是"文化创意产业"，虽然茶是个商品，但茶文化的底蕴和价值不能萎缩至经济的层面。看着我的茶友都用心做茶、用心泡茶，我想，也许如弓箭手眼中的目标，这种

"以茶为中心"的生活也可算是"以茶味'中'心"，让习茶者培养良好"非正常"的素养。若茶的魅力能够逐渐地强迫我们做"人"，希望我的强迫症不要恢复（手停止发抖就好）。

第十七席

白毫乌龙的相遇

文 / 吴玲祯

何其有幸，
　行走于光阴茶海，
　　在绝美今朝相遇，
　遇则尽兴，不问悲欢。
　就像仍在案头的茶籽，
　安安静静地，一如往常

这个缘分，要从桌上的一颗茶籽说起。

二○一一年的八月盛夏，一行人来到北埔，溽暑连降火的椰子汁也失了味，只觉干涩。依稀记得当天是七夕，古学长对远道而来的我们热情招待，频频示意晚上备有好酒好菜，定要言欢，殊不知这群人是说好要来做茶看茶的，着实辜负了学长盛情。还记得学长特地空出假日整天，陪我们上山头看了好几处茶园，山头不高，蜿蜒而上的山路让人头晕，但仅十分钟的车程，这让我们难以置信，惊呼这样的海拔也能种出传说中顶级的白毫乌龙！

行程最后一站是姜礼杞老师的茶园。一下车，触目所及都是矮小稀疏的野生茶树，园子不大，树也矮小，歪歪斜斜的茶枝与大小参差的叶尖倒是让旁边的野草与昆虫有了畅快活动的空间；蹲下细看，好多虫儿如天牛蝇类与蝴蝶倒是不怕生似的玩耍，仿佛知道不速之客不会久待似的，自顾自地玩耍和工作，也不理会采了颗茶籽的我。茶叶因着采收期，着眼者已不甚多，但高低错杂之山势一眼就让人可以想象采茶阿嬷的辛苦，比起其他北埔茶园一分地百斤，竹山名间的一分地几百斤，还有阿里山高山茶的一分地千斤的产量，这里的阿嬷可能只有七斤的产量，对于以重量计算工资的采茶这行有多不划算！但除此之外，这里的茶树有着与大自然生死与共的天命，虽然遭受着虫子们的打扰，却也享受着生态的荫佑；比起其他茶园密集且人工加速的豢养，这里倒分外有种野孩子的快乐！姜礼杞老师因为父亲的病痛发誓下一代不要再遭受种茶施药的茶害，倒也间接地造福了这群欢乐生息的虫子，和贪杯的我们。

离开时，只记得脚步迟疑，不是因为旁边环境让我们不舍，而是那茶树自然生长的姿态很令人感动！尤其这一年来，因着工作计划探访了些许茶山之后，即使是某些标榜有机的茶园，除了近年开始不施放农药以自然农法猎捕虫子外，仍免不了施放肥料。日本对于自然农法有严格的标准——要土地经过十五年的休息，确定无任何农药残留，且须方圆十公里亦无人施放农药。而更令人佩服的是日本人细心研发出来的间作休耕方式，试图让土地回到最原始的状态，借由生态圈的重建，让植物的养分来自自然，而以此方式培育的适应自然的母株，对于旱灾虫害都有极强的抵抗力且存活度高；即使要防过量的虫害，也绝对采取外围种植香草植物的方式，绝不采取人工猎捕装置，那自然的生机正是人们能与大地和平共存的最好见证。

午后，学长邀了姜礼杞老师一起泡茶。人遇上茶，或者茶来到生活，心情和氛围总为之一变，外头北埔的艳阳依旧，但姜老师放下了昨晚为我们制茶时的认真态度，收敛起狂傲艺术家个性，与学长笑闹叨念着也要来茶书院一起学泡茶之类的话……顿时酷暑隔绝，只剩下亲切随和，但心里的温暖却又绵绵不绝。

姜老师与古学长体贴我们不是手头宽裕的学弟妹，带了今年的"头五"与私藏茶，学长也念着古二去翻找"太极"与私藏老茶……姑且不论这些茶目前在市场上都是价值六位数等级的茶，只见学长和姜老师盖杯起落之余，也不忘吆喝我们拿茶具自己来练习练习。"有好茶喝，喝到好茶，是种难得福气"，而在高冲低泡、滑水旋仰之间，杯中之物起伏翻转，阵阵清雅蜜香弥漫开来，好似沾了糖似的久久化不开。姜老师豪迈的话语在茶汤之前，仿佛都慢了下来，可以看到一个熟稔制茶工艺的老师是如何珍视地拿取茶叶，像极了对待自己即将出嫁的女儿，而学长豪放的动作在摆席与注水上也显得格外温柔；这时，在旁边的我们其实话不多，因为感动都满盈在舌尖、眼里，没人想说话，是因为怕一张口，蜜香就要被破坏。

后来，拿了把老白瓷与朱泥上桌，学长要我用白瓷泡，怕老朱泥修饰过了头；这时的我心里颇不安，不好说这把老白瓷刚从老家整理出来，压根没泡过茶呢！但总是幸运，能有机会亲炙好茶。试着把奔波两天的心放回到某个安静的角落，让水注滑落叶

面，随着翻滚，一片片茶叶在这时慢慢落定。执起壶柄，出汤，随着香气四溢，安藤白茶盅承载着今年的"头五"传给其他人，面前出现一杯美人。

掀了盖的瓷壶依稀吐纳着茶气，而壶里叶底红透的边缘，总闪着些平缓的银漾。口中微微的焦香是刚焙好的明证，跳跃着老白瓷也掩饰不了的年轻；橙红的水色透着微微花香，像夏夜里院落飘散着的玉兰，还有些夜来香。

后来峰丞以盖杯表现的陈年白毫，则红浓明亮，醇厚绵长，淡淡回甘，舌头仿佛从另一味觉空间醒来，一点也不输给其他冻顶或高山老茶！当然其中夹杂着学长的不无得意与姜礼杞老师的慷慨之情，倚着这样优质的有机茶园与娴熟工艺，卖着这样的市场价格，简直就是白菜价，比起台北都会许多炒作过的有机茶，这有着即使身为达人名匠也买不着的骄傲。

时光很轻易地浓缩在这杯茶汤里，一九八一年的茶叶迅速返老还童，从润喉到心田，每片茶叶，都蕴含着过去的清晨露水、薄曦霞光、空气土香……一一打包交给时间放心保管。我们仿佛从中喝到了北埔当年的风土，和制茶第一姜师父当年的神奇手艺。

轻啜细品间，目光也被茶色轻晃浸泡着。习茶以来，对白毫有些莫名偏爱，只因每每入口，那甜香总引领我回到小时候南方乡下日式宿舍的夏夜，院子中弥漫着夜来香、玉兰与昙花的香气，但记忆中外公外婆从不泡茶，而他们留下的日式茶具，却又缓缓流露出三十年来不曾削减的关爱。

天地者，万物之逆旅。光阴者，百代之过客。忙与盲中，我们因白毫乌龙重建起时间的联结。

积重难返的时间，在一杯茶汤里变得举重若轻。茶启动的更可能是我们的心。

在茶人品味茶水之时，时间被时间扣留，时间被时间融化，时间被时间延长。

人们花了时间追逐金钱，到头来却又得花大钱弥补健康；人们追求有机，常只自私地为了健康，很少从大自然的立场去思考，什么才是与自然和平共处的方式？做什么才能让三十年后的下一代能有一样的好茶？能再有夏夜院落乘凉的天气？时间的重量，有时不过是这杯茶汤，十年后仍安心喝它，我们才能随之轻松。

现今人们总在尽责中求满足，在义务中求心安，在奉献中求幸福，在空虚中求进取。争逐之余，原本阔大淼远的尘世，只剩下一颗自私的心。

何其有幸，行走于光阴茶海，在绝美今朝相遇，遇则尽兴，不问悲欢。就像仍在案头的茶籽，安安静静地，一如往常。

在茶中修心，在修心中品茶。

习茶

习茶至今年岁仍短，既无法随心所欲泡出一壶动人的茶，在茶文化上也无法论述一二，只好期勉自己一路跌跌撞撞的习茶之路或可给想要一窥台湾茶精致感动的读者些许鼓励。

谈到茶，还是必须心虚地承认——从前的自己，从来不喝茶。

那一阵子，刚习茶，还是茶书院里最青涩的小学妹，虽然每周总为了茶课要穿什么才适合茶席氛围而伤脑筋，又为喝不出老师要我们分辨的茶汤而苦恼；但一踏进昏黄阴翳的晚香室，空间与人的感应，自然不由自主地让心安静了下来。

古朴的茶桌，萦回的茶烟，总在周二晚将全班八个人的心凝聚起来，茶成了老师与我们彼此生命中特殊的沟通信物，谁要是不如意，就会有一盅温暖的茶等着；老师总念着我们要多发表自己对茶的想法，其实大家最期待的就是每周这一晚心灵片刻的安宁，室内往往除了茶香乐音，还流动着属于东方含蓄而内敛的人情。

那时傻傻的我们，白天各自有自己的工作要忙，并非专注钻研的茶人，没有太多金钱与心力被划分在营生之外，课堂里常是老师价昂且稀少的难得好茶，叶脉俊秀地排排站着，我们却拿它泡出咬舌苦涩的茶汤，难为了老师辛苦安排课程内容与茶食搭配的那些时光。

　　偶尔，老师看不下去好茶如此被糟蹋，便亲自示范一席茶。

　　壶与茶看似随手，实寓有深意。手捻茶匙，将触感紧实的茶叶颗粒滑过茶则，轻轻跃入圆润而饱满的壶腹，再缓缓注入水，氤氲烟雾撩拨着有坚定气势的直泄水流，仿佛有着古琴音律般的律动；旋覆壶盖，约莫是缓慢调息的片刻时间，老师的跃水总是漂亮地舞出一道弧线，不疾不徐地将茶倾注盅心里，白色雾面衬托着金黄的色泽，水面摇晃的高山茶特有的果胶要一阵子才能分辨出来。

　　最简单的只有随茶汤而弥漫的香气，总让我们小心地不敢发出声响，生怕错过了稍纵即逝的重点。啜一口，从舌尖，慢慢释放到喉头，真正的好茶会让身体自然互动着愉悦的反应。台湾高山茶透亮的色泽，浅浅淡淡地带着高山云雾的味道，若在秋凉，还能感受到高山冷冽的温度随茶汤窜入舌尖，清醒后又慢慢散开，留下沁人心脾的鲜活初茶味道。

　　其中，自己最爱的是白毫乌龙，尝起来蜿蜒流转的滋味常令人不自觉嘴角漾出微笑。那样美丽的暖红，总奇妙地在炎热夏天给予一丝香甜，那深邃色泽就似黄昏绯色晚霞尽给冬夜暖意。由于茶书院古学长的慷慨相授，每每见到这美丽的汤色，也不免要多荡漾着几分温度。

　　每周在茶书院里的充电让所有现实生活的压力，在茶叶积蓄的悠远阳光中点点释放。饮茶后，内心的感动总饱满得似乎充溢

而出，言拙不足以形容，只觉这茶的神奇恰如其分地，无论什么时候都有着独到的诠释。

曙韵老师透过茶曼妙地挥洒一壶奇迹，无论是上好或有些许缺憾的茶，都能完全衬出茶质历经寒霜、炼经烈焰成就出的甜美。只可惜对茶龄尚浅的我们而言，这些有时太难体会。后来，慢慢随着将烧水壶咕噜作响的沸声听熟，才能逐渐了解到茶、壶、杯、盅都在影响茶汤，而真正难以言传的水与人，才是茶的灵魂。

茶，有时应该是种无言的触碰，横越时空，非世俗的道理所能企及。

无言的碰触，当然也包括生活。生命里的许多事情，像是命中注定般，让你大老远兜兜转转了一大圈，还是回到那刚经过的地方。

因为学茶，竟莫名地发现了外公六十年前的秘密。家族中无人喝茶，自然不可能有任何与茶相关的道具。留日的外公过世好些年，去年整理那日式老房子时竟翻出整箱茶具，箱子陈旧到应该是二战期间回国后就不曾开箱的模样，妈妈和几位舅舅聊起竟无人有印象。经几次讨论，还是细心的母亲忆起外公当年似乎偶尔提及的日籍房东女儿，因着电影《海角七号》的热潮，这也就成了顺理成章的解释。

后来，因为我在上茶课，家族里也无真正懂茶的人，陆续就把这些重见天日的茶具慢慢地交到我手中。每次接到货运包装而来的茶具，也许比不上同学们那价昂精致的老件，但想到它们是怎样地与外公踏上驶向基隆港的最后一艘运输舰，来到这南方温暖的日式院子，却又因着不能说的秘密而开启五十余年的尘封岁月，心中满溢的都是感动与感激。

若你能换个角度，从不同的方位观看这一切，遂看出世界如万花筒般，那样无尽变化又相互叠合的意义。在天上的外公见到自己辛苦护卫的茶具们和自己最疼爱的小孙女有了联结，想来温

文儒雅的他一定也正点头微笑。

茶席最讲究唯美的精致，人们也习惯了用眼睛去评判幸福，如果用心灵去感受这一切，也许会更美。许多真实属于自己的曾经，哪怕直到苍苍暮年，也是我们追忆的理由。

下了班回到家，常常为了一个让自己温暖的理由，奢侈地为自己开一个小小的茶会。

这段时间以来，我的生活一直被一些无用而琐碎的事情所充斥，那些让人烦闷而堵在心底的情绪，有些是我们必须承受的重量，有些则完全来自人内心不断膨胀的欲望。

为自己好好泡壶茶，让心情做个总结。有些事情可以完全遗忘，有些则会像茶渍般沉淀，留给自己在未来的时光中慢慢品尝。

第十八席

记忆中幸福的味道

文 / 任政林

同一种茶，

在不同的人手里，

因不同的壶、温度、时间，

所展现出的茶汤滋味也各异，

每每都令我眼前一亮

　　那天上山泡温泉，漫步在山林间，大树林立，忽密忽疏，阳光流泄而下，石头砌成两旁的挡土墙，在那转弯处，伫立的老树，迎着风不断飘下黄色小花，我霎时呆立，不禁惊叹此情此景。树旁几畦菜园，迎面扑来泥土的气息，脑中不禁浮现出乡下的画面——赤足奔跑过的田野，秋冬收成时田埂上席地而食的午餐，那阵阵温暖浮上心头，喔！就是了，记起了"晚香室"喝过的老师的茶，记忆的味道。

　　以往我是不喝茶的，但总是有那种不知不觉的感觉或是记忆，二十多年前，就会去买铁壶、风炉、茶器皿，买回来摆着也心中愉快，没事擦擦摸摸，甚至半夜坐在灯光下欣赏，也觉得满足，即使工作忙碌也没有放弃。这些器皿对我而言像是一种召唤，似乎在等待一位老朋友般，安静地等在那儿。生命的轨迹不停地流转，其内在的起伏也不可预测，当周边的人、事、物慢慢

地在不知不觉中变化，时光已飞逝。回头一望，物事已非，诸般的无常，让内心总有许多的怅然！寻常中所追寻的已不复往常，心境和想法都在一层一层的自我撞击和探索行径中不断变化。有一天，接到一通朋友的电话，告知有个茶道空间，那是我所喜欢的，无奈电话联系已满额，课也开始上了，好吧，亲自拜访，仍遭谢绝，茶空间也不对外开放参观，失望之余，留下电话黯然回家。不想再过了一天，却接到能破例插班的消息，真是喜出望外，没想到这就是我习茶之旅的开端了！

　　进到"晚香室"的第一堂课，真是无限的惊喜，茶人怎么这么幸福啊？这样的生活空间，呈现在眼前的每样茶器，摆置的美感，都让我目不转睛地想要看饱它。这样的空间，老师用的器皿，茶点的启发，深深地烙印在心里，回家后，我开始去除用不到的器物，一个阶段又一个阶段，从外境到内心，从内心相应到生活，用不到的器物实在太多太多，一次又一次地清理、转送，就一次次地看到平常生活中太多的贪念和不舍的执着，借由器物的清理，心中也跟着沉淀宽广。但光是用不到的器物，也自设分级，到现在才清理出用不到但是却贪爱执着的器物——设计师的皮件皮包，印度买的丝质衣物，泰国买的杂货，尼泊尔带回的老布，诚品看了几回才下定决心买回的名牌皮鞋……摆放着，只是喜欢，也鲜少用到，在幽暗的油灯下，看着壶水烟气弥散，静静地喝下这杯茶，我下定决心，今年过年前，一定要全数清理，也让内心跟着安静地迎接新年的开始。

　　每回上课，老师对茶的教导之外，不忘延伸出对生命、环境、人生观的探讨，我总是感受满满，珍惜着那收获丰富的片刻，要有这样对"茶"的专精，在生活中，对插花、绘画、书法、音乐、文学等，都有这么独到的涵养，怎么了得！记得"戏元宵"茶会，现场音乐一出，整体的铺陈进行，所设计的每一环扣精准表达，除了享受那美好的情境外，我更是从中获取了不可多得的知识：工作人员要像"壁纸"一样，安静地在活动中去完成整个茶会，除了将自己分内的事情做好之外，还要关注周边的需求和协助。啊！多么美好的修为呀！这样的训练，人与人之间，就不再有摩擦、隔阂了！

　　年前湿冷的寒流，屋顶滴滴答答的落雨节奏，窗外散落满地的黄叶，看着玻璃上滑落的雨珠，一线一线地分割院中的树影，正是起炭的时候，看着跳跃的火星，水也慢慢沸腾而出，倾入壶中，热乎乎的水气冉冉升起，丝丝飘荡犹如狂草般步入虚空，舒服地浸在茶承中的壶，暖乎乎的，屋内弥漫着一股祥和的氛

围，提壶注水，低头凝视，却见瀑布般，湖面溅起涟漪，独自喝茶，落寞中却享有了那份寂静。

茶席的摆设，器物的调性，跟在老师后面，见到经调整更换器皿后的茶席，每每感到惊讶和启发：不曾想到的呈现，怎有这样的才华和智慧，实在是迷人的创作。我深深地被吸引着，那样的美感，又不断地变化，因时、因地、因人，而层出不穷。犹如茶汤，同一种茶，在不同的人手里，因不同的壶、温度、时间，所展现出的茶汤滋味也各异，每每都令我眼前一亮：对茶的奥妙，不知如何去发现？要如何去把每一种茶的特色、个性泡出来？又如何去品味出不同的茶在口中的味道、变化？身体的感知如何？真是有些摸不着边，难怪老师说习茶至少要五年，才能慢慢进入到"茶"的领域。于是只好自我安慰，用心去感受，静心去泡那壶茶，从茶席摆设、备水、温壶、入茶、注水、出汤的每一个动作去练习，去感觉那流程中，心在哪里，呼吸与肢体的放松，静静去体会和享受那"茶"不只是茶的当下，这片刻总串联至生活中的思绪和行为，难怪会有那说不出道理的为什么。每回上完一堂课，回到家中都已深夜了，但心里很充实，课堂上同学的分享，老师的启发，仍在耳边萦绕着，喝了那么多老师提供的好茶，精神也亢奋难以入眠，就觉得生命都在微妙变化着。朋友们都会好奇地问：上课教什么？我却总是不知如何回答才好。

星期三晚上是我们这一班的固定上课时间，下午在茶书院上

古琴课，再次跟老师确认时间，以便回复备茶食的同学和回复同学上课的通知。已经五点了，老师临时改变主意，大家一起去用餐。天气实在太冷了，一一通知远道的同学不用来上课，接电话的那头，一时都不知如何是好！"呀！不上课，那你们在哪里？""在晚香室。""在做什么？""为什么不用上课？是不是你们要去哪里玩？""或是要去吃香喝辣的，我也要去！""不管，要等我，我现在要赶过去……"呐，这就是我们的同学，也真是太有趣了！跟老师一起的活动都很难得，互动中，都是学习的内容，看老师对食物的安排、搭配、想法，都是一次次的惊艳。

今早起来，天气依旧寒冷，屋外的雨仍落个不停，起了炭火，想起昨晚的蒸蛋卷、豆浆火锅、现做豆腐、芝麻蘸酱……还是回味着，喔！还有汤底熬的粥。对，今早就用炭火来熬个小米粥，一边搅拌，再加些海带芽、葱花，再打个蛋……看着手做的陶锅光泽，被木炭熏黑的锅底，窗外雨声仍不断落着，打开木盖，冒起一阵水气，端上桌来，拿出了叶子亲手做的豆腐乳，入口的暖和感受，啊……生命的每一片刻，就是这样幸福的感觉，原来习茶的过程，记忆中，就是这样幸福的味道。梦想里，一直想开个茶馆，让每一个前来的朋友都能喝到真正的好茶。朋友啊，您一定要来，请您来喝"记忆中幸福的味道"，那一杯好茶。

第十九席

千把壶　万片茶　贝勒爷

文 / 郭永信

茶人是借由器物修行之人，
亦不在茶具形式，
一切随缘，
才能练就到"心手闲适"的境界

"千把壶、万片茶、贝勒爷"，这句话本是一头栽进三十一巷的老茶书院里的我，借用禅宗里的"德山棒、云门饼、赵州茶"开的一句玩笑的话，唬唬同学们用的，如今学长、学姐都用这称号来叫我，真令人汗颜。

回想进入壶与茶的世界，已有二十九载，跟曙韵老师学茶，才了解学茶人的品位究竟是怎样的。在茶席这个艺术领域，我是个新人，不敢多言，仅能对玩壶与茶提供一点自己的经验与大家分享。

对玩壶我一直遵循四不原则：一不以貌取"壶"，二不照本宣科，三不追精求名，四不看残认老。一九八三年我刚刚退伍，因工作关系接触到许多客户，他们都以泡茶待客，引发我对壶的兴趣与收藏的兴致，碰巧遇到台湾茶壶界第一次崩盘，刚好那时也是茶壶落款从中国宜兴款改到荆溪款、制壶人款，那是转型分隔的年代。台湾在股票上万点后崩盘，一些有心人士将资金转向茶壶界，壶价一飞冲天，我也不例外加入疯狂队伍中，并远征丁山大肆搜购。随着台湾对宜兴壶开放，宜兴壶不再由少数一群人把持，没几年光景就崩盘了，宜兴紫砂一厂、二厂相继关闭。宜兴壶浅分标准壶、花货、名家壶、古壶，由于仿名家壶、仿古壶鱼目混珠充斥市场，建议"多看""多听""少买"为买壶的六字箴言。我亦遵守曙韵老师教诲：茶人是借由器物修行之人，亦不在茶具形式，一切随缘，才能练就"心手闲适"的境界。

一九八九年我在泰国百货公司第一次邂逅普洱茶，那是在中国土产进出口公司办的海外展览会上看到的，一片二十元泰铢，当时泰铢与台币是1∶1，买了几片放在家里没喝（因为苦涩难喝）；此后有过境香港，也会驻足"上环尧阳""林奇苑"等名店买些铁观音、不知年的普洱茶摆在家中。在那个年代，我跟大多数人一样执着于台茶品茗，前茶联会会长吕礼臻前辈也说，当年推广五万元一筒的号字级普洱茶，常常也被退货，原因是喝不习惯。曾几何时，喝普洱茶变成全民运动，大家朗朗上口，在台湾发扬光大，最后衣锦荣归故土，老普洱茶离我越来越远……

　　当时茶界流行喝熟普洱、品老茶、藏生茶，从此又一波新普洱茶全民运动展开，这次更有大陆新的资金加入，一发不可收拾，我又不免俗加入广州芳村这场混战，最"红火"之时的新普洱茶，一小时报价三次，你不立即下单就买不到了。当然最璀璨的烟火也有谢幕的时候，二〇〇七年红火的新普洱茶回归宁静——崩盘，中箭的茶厂一一落马，我也安静了一段时间。

　　二〇一一年茶商又找到新的活水——百年古树茶，老班章产地茶青报价二千元以上人民币，到了终端消费者，一片老班章新普洱茶要价一万多元台币，其他各大名山新普洱茶亦一同升天了，我此刻又站在十字路口，何去何从？到底是茶海无边回头是

岸，还是勇往直前永不停歇……当然，现在跟曙韵老师学茶的我，心中自有定见，翻阅古籍《普洱茶记》（阮福，一八二五年撰）对土之评论：云茶产六山，气味随土性而异，生于赤土或土中杂石者最佳。又可从清光绪景东郡守黄炳《采茶曲》中一一品味实证为何。在此借用老师看法——孤僻是茶人应有的特质，独享茶汤寂静之美，鉴古知今，不陷入人云亦云之中。

《采茶曲》　［清］黄炳

正月采茶未有茶　村姑一队颜如花
秋千战罢头春酒　醉倒胡麻抱琵琶

二月采茶茶叶尖　未堪劳动玉纤纤
东风骀荡春如海　怕有余寒不卷窗

三月采茶茶叶香　清明过了雨前忙
大姑小姑入山去　不怕山高村路长

四月采茶茶色深　色深味厚耐思寻
千枝万叶都同样　难得个人不变心

五月采茶茶叶新　新茶远不及头春
后茶哪比前茶好　头茶须问采茶人

六月采茶茶叶粗　采茶大费拣功夫
问他浓淡茶中味　可似檀郎心事无

七月采茶茶二春　秋风时节负芳辰
采茶争似饮茶易　莫忘采茶人苦辛

八月采茶茶味淡　每于淡处见真情
浓时领取淡中趣　始识侬心如许清

九月采茶茶叶疏　眼前风景忆当初
秋娘莫便伤憔悴　多少春花总不如

十月采茶茶更稀　老茶每与嫩茶肥
织缣不如织素好　检点女儿箱内衣

冬月采茶茶叶凋　朔风昨夜又今朝
为谁早起采茶去　负却兰房寒月宵

腊月采茶茶半枯　谁言茶有傲霜株

采茶尚识来时路　何况春风无岁无

——原载民国《景东县志稿》卷十八・艺文志

　　我们可通过熟识的茶商找寻合理价位的古树茶，如春尖贵可买谷花，谷花是七月采茶。

　　茶二春，没有茶的生涩口感，而有淡淡香味亦属不错之佳茗。现在正是品老树生茶，而饮新树熟茶之时，如要增值，可买大益普洱茶，因为有一群死忠茶商在追逐它，若要品茗，可要有耐心，慢慢找寻认真做茶，等待破茧而出的小厂之普洱茶。又借曙韵老师之话结尾——武夷耆老姚月明所云："淡非薄，浓非厚"，吾等慢慢领悟。

第二十席

初识茶的旅途

文 / 陈玉琳

透过茶席，乘着时间旅行古今自由来去，
仿佛一座美妙的时间装置；
因为习茶，进入物质的微观世界，
并开展了千万种可能的层次变化

在我初识茶的旅途中，美是诱因。十数年来，探路索径般乱步在巴黎、东京和台北的各种场合里，眼花缭乱；进入"人儋如菊"茶书院之前的那些年间，擦身浅触的几回记忆中，直捣核心的感动依旧回荡全身，我为茶书院所释出的品位深深折服，也就是这样的一股心流让我盘旋而入，将自己全然地交付。

开始，我以最简单的茶具，以身体直接感受茶汤的讯息。掏空思绪，让身体向对茶体端坐，启动面部微笑表情肌肉，心也正量。在余暇或零碎的空档时间，我开始习惯为自己讲究地沏一壶茶，一连串的动作慢慢形成一曲旋律，流畅地反复就像土耳其苏菲旋转，由身体来顺从与回应席间一切内涵，心流以外没有其他；这是我置身于难以言喻的初茶时间，舒服得有一点点兴奋、一点点感动。

　　进入茶的世界直至今天，还是想要继续待在茶里，细细感受自己的身体，也更安住在内；透过茶席，乘着时间旅行古今自由来去，仿佛一座美妙的时间装置；因为习茶，进入物质的微观世界，并开展了千万种可能的层次变化。

第二十一席

洁净的山茶

文 / 古武南

不管是有机栽种、生态管理，
抑或是洁净天然，
只要是使用过这块土地的人，
都必须具备对大地奉献回馈的心，
才不算辜负

　　早期台湾客家人居住的地区，有许多旧地名一直被我们沿用至今（二寮、大湖、树崎栋、水祭历、小份林、大坪、南坑等等），这些边陲之地，不利于大面积的经济开发，只能耕种次要的农作物，种茶俨然成为客家聚落丘陵地带最佳的选择。新竹县的北埔乡素有"人文茶庄"的封号，昔日出口外销的台湾乌龙茶、高级乌龙茶曾经扬名国际。一九三〇年间庄内茶园面积高达一千四百多亩，种茶户共有四百九十多家，年产量四十五万斤。然而，茶的事业在北埔今非昔比，如今，种茶兼制茶者剩不到二十家，北埔夏茶（膨风茶）年产量剩不到四百五十斤。

　　有人问我：北埔膨风茶的未来在哪里？我回答：膨风茶没有未来，只有当下。

　　刚到茶书院学茶，曙韵老师给我布置了一门功课（把自己家乡的膨风茶研究清楚），这门功课到二〇一一年正式进入第八年，然而，我还没有完全搞清楚。

七年前带着茶贩子的样貌，头一回走进姜礼杞接手父亲经营的仁富茶行，听到的第一句话就是：你们这些茶搅和的，买茶不用来我这里，去峨眉比较快，峨眉茶又多，又便宜。我狡猾地回应：我是来作访谈的。姜礼杞回我：访问我不准确，我一年不到三斤茶，有什么好问的。这还是头一回体会到，拿钱跟人家买茶，人家不卖你，热情邀请人家作访谈，人家不赏脸。历经半年周旋，终于有机会与礼杞一同上茶山欣赏姜氏茶园，得知礼杞的茶园有两处，老茶园在下大湖樟树崎的相思树林，老茶园是礼杞曾祖辈姜阿妹传给祖父姜石送，再传给父亲姜添振，目前经由父亲遗赠给礼杞的，面积大约三分多，姜父生前除了耕作此茶园之外，另种植数亩柑橘果园，由于长年独自照顾果园，过度接触化肥，导致健康受损。

二〇〇二年，礼杞将其父继承下来的柑园果树，全数砍除更新，改种台湾原生种的肖楠树，并发愿往后所种植的作物，不再使用化肥，希望能够给予长久受毒物侵蚀污染的生态土地，以静养修复的机会。

二〇〇三年初，礼杞又将新园仔的柿子果园，改种青心大冇（台湾主要栽培茶树品种之一）茶树。二〇〇七年，种植四年的新园仔夏茶首采，三分地总收成两斤半。二〇〇八年，种植第五年的新茶树，应该算是成茶了，结果当年夏茶只收成五斤。

假日与新园仔同期间种茶树的茶友，一同上山赏茶树，茶友

看了我们的茶树后，以指导者的语气教导我们：我们不是同时节种的茶吗？我的茶树已经茂密成行了，怎么你的茶树还停留在盆栽的阶段？茶友同时向我们炫耀今年他的夏茶收成已经有二十五斤的成果，下山前茶友不断提醒我们：耕种不要太执着，不管任何作物，只要水给得多，肥下得重，药用得勤，保证植物长得又快又好。礼杞终于听不下去，回呛茶友：你这个没常识的人，种茶只为求数量不求品质，即使告诉你，我种茶做茶强调的是成品的洁净度，你也未必听得懂。

当所有的茶农，还在为参加茶叶比赛的结果议论纷纷时，我们早已落实种茶或制茶的唯一标准——"洁净"。

上门买茶的友人问我们：你们的茶是有机栽种的呢，还是生态管理的？这两句主流的广告语听多了，感觉很油很不环保，非常俗气并且过度商业化。索性回答：二者都不是，我们的茶园是天然耕作的，除了采茶、除草之外，尽量不上茶山，目的是让茶园能够维持原有的自然生息。茶友追问：这样的天然耕作会有产量吗？礼杞回答：天然耕作是一种对环境理想的选择，跟产量没有关系，选择天然耕作前，对茶园必须先有无所求的信念，才有可能坚持下来，例如二〇〇六年三分多的老茶园，被盲椿象害虫啃食后，我们请十个采茶人上山采夏茶，还不到中午就采完，当年夏茶收成只有两斤半。当然也有收成好的时候，二〇一一年，老茶园加上新园仔总共六分多地，采收三次，总共收了十九斤，细茶十二斤参加比赛得（头五）奖，一斤售价六万元，茶还没有领回就被订光，粗茶七斤每斤三万二千元，比赛前夕早已卖完。

茶友见我们今年收成好，特别找我们喝茶请教，他说今年夏茶生长太好，收成四十二斤，三十斤粗茶每斤卖三千六百元，十二斤细茶一斤也只能卖到六千元，茶友向我们抱怨两天做四十二斤成茶，差一点被茶搞死。茶友种茶做茶采用的是经济耕作法，跟我们的天然耕作法大不相同，所以茶的收成多我们一倍以上，经济的收入却不及我们三分之一。虽然今年茶的收成是特例，确有值得茶友参考借鉴的价值。

遵循天然耕作已经有九年时间的礼杞认为，既然是天然耕作，利弊得失之间，大自然自有弥补的定律，无须为当季的产量多寡起烦恼。

记录茶家礼杞已经六年了，除了影像文字记录、收藏礼杞的好茶之外，还可以喝到许多不同季节特殊的"太极"（生态极致洁净之茶）。生活在北埔茶庄真的很幸福，然而面对这片熟悉的土地与人文，我并没有用太多的情感在里面，赫然发现，习茶数年下来，对茶的亏欠感油然而生。

如曙韵老师所说：种茶、制茶，如果只是不喷农药、不施肥料，就算大功告成，这样看生态茶就太肤浅了。

我自己认为：不管是有机栽种、生态管理，抑或是洁净天然，只要是使用过这块土地的人，都必须具备对大地奉献回馈的心，才不算辜负。

后记

　　承蒙曙韵老师、新旧同学对古大哥的不离不弃，我才有力量完成这本著作，客家话里对感谢最高程度的表达，是"承蒙相惜"这四个字。在这里我要向帮助我完成稿件的二十位同学，还有最敬爱的曙韵老师，诚恳地献上感谢——"承蒙相惜"。

　　我喜欢写东西，最主要的原因是写作可以让我回到过往的美好，它像一部百看不腻的电影，重新拿出来播放，虽然往事如云烟，然而美好的画面依旧让人动容。回忆是抽象的，本书难免存在失真不圆满的地方，恳请读者包容见谅。

　　再次感谢廖素金同学提供的完美影像。

　　·本书的专有名词请参阅——台湾商务印书馆出版李曙韵著《茶味的初相》。

我与茶的故事

故事征集：

小时采茶，只觉得新鲜好玩，并不能真正体会采茶人的辛苦，有时候抓一把刚采下来的茶叶胡乱塞进嘴巴里，也并不觉得清香流动，往往是嚼两口就都吐了出来。等到父亲把茶叶炒干，晾晒，制成真正的茶叶，拿来泡水喝，也只觉得苦涩不堪。一直要到成年之后很久很久，才真正品味出茶的芳香甘甜滋味，也才真正明白父亲在面对摇头吐舌的我时，眼里包含的无限宠溺和宽容。茶，在那一刻，才真正有了重量。

来说一说你与茶的故事吧，或者你看过本书后，有什么心得感悟呢？请写下你与茶的故事，和我们一起分享，并发送至编辑邮箱：564043968@qq.com，即有机会获得本社出版的系列茶书一本哦！